知识就在得到

走出黑森林

自我转变的旅程

陈海贤 著

NEWSTAR PRESS
新星出版社

你所经历的困境,让你成为你自己

序言

走进黑森林

在神话里,无论是出于命运的安排,还是出于主动的选择,主人公都要离开他熟悉的部落,进入充满神秘与未知的黑森林,开启寻找自己的旅程。

现在,你也即将开启这趟神秘的旅程。

在旅程开始之前,你的心里会有一个声音在召唤——

"我没有活出自我。"

这句咒语般的话究竟是什么意思?它为什么会带来那么深重的失落和遗憾?又为什么有那么大的力量,让人去开始如此艰难的旅程?

人终其一生,都在以自己的方式平衡两种矛盾的需要:自主性的需要和归属感的需要。前者要求我们是独特的,后者则要求我们取悦他人。而平衡这两种需要的方式,就是自我的核心。

活出自我,意味着原有的平衡方式被打破了。你可能需要脱离一段熟悉的关系,改变你的角色和位置,你得在新的现实和关系的基础上,把"自己"重新长出来。

可以说,黑森林中的整趟旅程,都是为了完成这个"活出自我"的转变。

这趟旅程既发生在隐喻层面,也发生在现实层面。在隐喻层面,它是心灵经由失落和迷茫的淬炼重获自由的过程;在现实层面,它反映在我们每个人都可能遇到的生活变故上。这些变故包括但不限于:

你想转行,却不知道怎么开始;想离职,却不知道怎样才能下定决心;刚刚经历裁员,正在苦苦思索自己的未来。

你处于关系的纠结中,不知道该继续还是离开;或者终于下定决心离开一段关系,却不知道该怎么找到新的生活。

你一边苦苦坚持自己的梦想,一边在痛苦中怀疑它是否真的能够实现。

你的生活算得上充实、幸福,但你偶尔会觉得有点一成不变,在某个瞬间还会感到一丝迷茫。你想知道究竟什么才是自己想要的,自己的未来到底会是什么样子。

……

这些矛盾背后,总有一个旧的自我不肯离去,一个新的自我渴望诞生。如果你进入了这片自我转变的黑森林,你会遇到很多迷茫和未知；如果你因为害怕，拒绝进入这片混沌的黑森林，你就会陷入卡顿和停滞。

这片黑森林虽然神秘，但其实有迹可循。它可能是你从归属于一个群体转移到归属于另一个群体，从一段关系转移到另一段关系，从一种应对现实的方式转移到另一种应对现实的方式，从一种价值判断转移到另一种价值判断。但它最终的成果，是你能够从别人的期待和世俗的眼光里，从根深蒂固的好坏成败的标准中，建立你自己的标准，活出新的自己。生活的变化，是这条成长道路的催化剂。

那这种转变究竟通往何处？从黑森林走出来的，会是一个什么样的自己？

我听得到的CEO（首席执行官）脱不花讲过一个故事：虽然年纪越来越大，但作为一个重要的公众人物，美国前第一夫人南希·里根一直都在大众面前保持优雅和体面的形象。直到有一次，她参加一场盛大的活动，在迈过铺着红地毯的台阶时，她的大脑认为自己能迈过去，身体却怎么都不听指挥。于是，在无数镁光灯的闪耀下，她直挺挺地摔倒了。

她摔倒的照片立刻成为很多媒体的头条新闻，这对一直保持优雅的她来说是噩梦般的时刻。有趣的是，这尴尬的时刻，也变成了醒悟的时刻。

她说:"在我将要摔倒而身体还没有着地的那一刻,有一个念头在我的头脑中闪过——我已经老了。"

听完她的故事,我的第一反应是,这是一个转变的例子。对于南希·里根而言,以前一定有很多人跟她讲过"你老了,年纪大了"之类的话,甚至她自己可能都跟自己絮叨过,但她始终不肯接受这个现实。她幻想中的自己,永远都不会老。而在她倒下的那一刻,肉身和地面的碰撞,也是头脑中的自我和现实的碰撞。这种碰撞形成了一种新的经验,这种经验又以无可辩驳的方式变成了新自我牢不可破的一部分。

"原来,我真的老了。"

这就是很多人经历的转变历程:他们和现实的碰撞形成了新的经验,新的经验又变成了新的自我。

可是,这种转变究竟有什么用呢?毕竟,老了实在不算什么好事。

"老了"也许不算好事,"认识到自己老了"却有可能是一件好事。这是因为,无论你是否接受,现实就在那里,可是,只有当你选择接受它,你才能进一步选择以什么样的方式面对它,才能为自己寻找新的出路、一些原本没有的可能性。

对里根夫人而言,承认自己老了,她就失去了幻想中那个永远年轻、充满活力的自我。可是,事实上,不管她是否接受,她都已经失去了那个自我。而承认新的现实,却会打开新的可能性。比如,现在她可以思考,如何做一个"优雅的老人",如何摆脱别人眼光的束缚，如何在有限的时光里重新编排自己生命的轻重。这个新自我也许不比年轻、有活力的自我好，却一定比沉溺于"永远不老"的幻想中的自我好。

这就是转变的意义。很多时候，现实是艰难且不可逆的。人生有时候会走下坡路，我们会有很多的失去。可是，人生最重要的东西，总是从失去中得到的。我们从艰难的现实中收获的智慧，会成为新自我永久性的一部分。它是黑森林的礼物。

自我转变，究竟是一条什么样的道路呢？在这本书里，我想从两个层次回答这个问题：现实的层次和心理的层次。现实的层次，是我们如何应对人生的重要变化，尤其是工作和关系的变化；心理的层次，是我们如何借由应对这些变化活出我们自己。

为此，我提供了一幅转变地图。这幅地图包括四个阶段、十五个关键节点。在本书中，我会按照这幅地图，带你走上这趟自我转变的旅程，告诉你每个阶段的关键节点在哪里，容易卡住的地方是什么，以及如何走过去。

你可能会想到神话学家坎贝尔的"英雄之旅"。确实，这幅地图在形式上借鉴了他在《千面英雄》[①]里的"启程—启蒙—回归"模型。不仅如此，这幅地图还参考了成人发展心理学家关于转变的心理模型、存在主义心理学家关于自我意志的理论、家庭和亲

[①] [美]约瑟夫·坎贝尔：《千面英雄》，黄珏苹译，浙江人民出版社2016年版。

密关系专家对关系如何影响自我的理解，以及职业发展专家关于职业变化的心理学知识……它来自很多不同领域的研究智慧，但它最重要的来源还是生活在当下这个时代的人、正经历转变的人。从他们鲜活而真实的人生经验里，我总结、概括了自我转变过程中真实的心路历程，以及由此产生的人生智慧。

自我转变的第一个阶段，我把它叫作"响应召唤"。在这个阶段，你会发现，平稳的生活重新走入动荡，平衡被打破，种种变化对自我提出了新的要求和挑战。而你，还不知道新自我在哪里。不同的自我需求开始"打架"。你需要一个容器，去培育新自我，去探索"我想要"，直到改变的分水岭到来。

自我转变的第二个阶段，叫作"脱离旧自我"。在这个阶段，你会逐渐脱离熟悉的生活轨道，你在转变中遇到的伤痛、后悔、迷茫和恐慌大多都发生在此时。这些复杂的情感让你想逃回转变还没有发生的过去。你可能会面对"失去"，可能会被看重的群体或关系"放逐"，可能会想"告别"，却总是停留在过去。在这片黑森林里，迷茫和不确定会让你焦虑，而你要学会应对它们，发现新的确定性，理解新世界的规律，并从中找回自己的力量。

自我转变的第三个阶段，叫作"踏上新征程"。在接受了失去、告别了过去、适应了新的现实之后，你就可以开始在废墟中重建新世界了。你开始从旧自我中寻找新的资源，你开始寻找你更为认同的新群体、更能接纳你的新关系，你开始通过实践探索更多新的可能性，并在这些可能性中摸索新自我。

自我转变的第四个阶段，叫作"获得新自我"。 从外部来看，也许是你通过不断实践获得了一份新的工作、一段新的关系、一种新的身份认同，但更重要的变化发生在心灵层面——你的经历和磨难开始凝聚成新的智慧，它们开阔了你的胸怀，变成了你新的信仰和人生准则；你会以新的方式理解现实和自己；你开始学会把自己的感受、想法、意志作为判断事情的标准；你还会以一种更成熟的态度面对现实，在现实中创造你的"我想要"；最后，这趟黑森林中的旅程会变成一个新故事、一个属于你自己的人生传奇。

"响应召唤—脱离旧自我—踏上新征程—获得新自我"这四大阶段和其中的十五个站点，就是我们即将一起踏上的转变之旅。虽然地图上已经把每个站点都标注清楚了，但地图不是道路，你最终的转变经历不会跟这张地图完全相同。

转变是艰难的。身处其中的你，一定深有体会。**如果你现在还没有经历转变，或者已经完成了转变，我恳请你把这本书里关于转变的重要知识告诉你身边正在经历转变的人。** 每一个踏上转变之旅的人，都需要知道自己正在经历什么、将要经历什么，才不会那么困惑和迷茫。

从更广的角度看，这本书讨论的不只是转变，还是人生发展的普遍议题：

- 怎么找到"我想要"？
- 怎么实现自我的潜能和价值？
- 如何面对他人的眼光？
- 如何突破"成败"标准的限制？
- 怎么走过人生的十字路口？
- 如何从逆境中长出智慧？
- 什么是真正的自由？
- 怎么重新找到自己？

……

这些问题都很重要，但重要的问题通常都没有简单的答案，我们需要经历一个完整的探索过程，才能真正理解。

现在，让我们一起踏上这场自我转变之旅！

序言：走进黑森林

自我转变的旅程

第一阶段　响应召唤

- 01 缘起　探索"我想要"
- 02 召唤　寻找自我的可能性
- 03 容器　培育新自我
- 04 契机　迎来分水岭

第二阶段　脱离旧自我

- 05 失落　失去旧自我
- 06 放逐　脱离旧群体
- 07 告别　让过去过去
- 08 黑森林　在迷茫中前行

第三阶段　踏上新征程

- 09 遗产　旧自我的资源
- 10 守护者　新世界的信息
- 11 寻宝　试错与行动

第四阶段　获得新自我

- 12 新信念　进入更广阔的世界
- 13 指南针　切换评价坐标
- 14 炼金术　创造新现实
- 15 新故事　书写你自己的传奇

目录 CONTENTS

第一阶段　响应召唤

第一站　缘起：探索"我想要"
01 听到"我想要"的声音 / 003
02 为什么我们会"不知道自己想要什么" / 010
03 如何区分"自我"和"他人" / 016
04 如何面对"求不得"的"我想要" / 022
转变工具：采访三个人，探索自己想要什么 / 027

第二站　召唤：寻找自我的可能性
05 选择的依据是环境还是自我 / 029
06 如何找出最重要的那个自我 / 033
07 什么才是自我的核心 / 037
转变工具：用删除法寻找核心自我 / 044

第三站　容器：培育新自我

08 如何打造一个培育新自我的环境 / 045

09 如何在容器中探索新自我 / 052

10 如何在容器中"苟下去" / 057

转变工具：时间容器、事件容器、关系容器 / 064

第四站　契机：迎来分水岭

11 决定的时刻何时到来 / 065

12 如何利用契机发现自我 / 071

13 不做选择，也是一种选择 / 079

转变工具：欢迎信，迎接新自我 / 085

第二阶段　脱离旧自我

第五站　失落：失去旧自我

14 如何摘下"目标的眼罩" / 089

15 如何应对"求不得"的痛苦 / 094

16 如何面对失去身份后的"被放逐感" / 100

17 如何面对失去关系后的"被抛弃感" / 106

18 有失去，才有新的自我 / 112

转变工具：三组问题，面对失去 / 119

第六站　放逐：脱离旧群体

19 关系脱离的四阶段 / 120

20 关系的脱离会经历哪些波折 / 128

21 如何脱离原生家庭 / 134

22 如何从心理上脱离关系 / 142

转变工具：给重要他人写一段话 / 148

第七站　告别：让过去过去

23 告别过去为什么这么难 / 149

24 如何与过去告别 / 156

转变工具：过去的告别式 / 161

第八站　黑森林：在迷茫中前行

25 越害怕不确定，越焦虑 / 162

26 应对不确定的三种思路 / 169

27 如何跨过迷茫和重生的分界线 / 175

转变工具：寻找不确定中的确定性 / 181

第三阶段　踏上新征程

第九站　遗产：旧自我的资源

28 旧能力的新应用 / 185

29 中心自我和边缘自我的切换 / 192

30 生命中的深刻体验 / 196

转变工具：给继任者的信 / 203

第十站　守护者：新世界的信息
31 如何找到你的守护者 / 204

32 如何获得新群体的归属感 / 212

33 如何进入一段新的亲密关系 / 217

转变工具：与守护者做一次深谈 / 220

第十一站　寻宝：试错与行动
34 如何基于实践进行思考 / 221

35 如何迈开行动的小步子 / 228

转变工具：在新基础上迈出最小一步 / 235

第四阶段　获得新自我

第十二站　新信念：进入更广阔的世界
36 新信念是如何诞生的 / 239

37 新信念创造更大的世界 / 242

转变工具：梳理矛盾，寻找新信念 / 248

第十三站　指南针：切换评价坐标
38 自我转变的指南针是什么 / 249

39 如何把标准从大众切换到自我 / 254

40 如何把标准从重要他人切换到自我 / 260

转变工具：六个维度，脱离关系的影响 / 267

第十四站　炼金术：创造新现实

41 将自我和现实分开 / 268

42 从屈从现实到超越现实 / 273

43 成为现实的创造者 / 278

44 道路和自由 / 282

转变工具：用两种思考方式思考同一件事 / 288

第十五站　新故事：书写你自己的传奇

45 属于你的人生故事 / 289

转变工具：讲一个关于自我转变的故事 / 292

后记　走出黑森林之后，我们要去哪里 / 293

第一阶段
响应召唤

冒险的旅程常常从一个悠远而神秘的声音开始,它像是遥远的召唤,打破了平静的生活。当你追寻这个声音,去寻找它的源头,却会发现,它并非来自远方,而是来自你的内心深处。那个一直被你忽视的"我想要",它从模糊逐渐变得清晰,推动着你做出选择、用容器培育新自我,直到契机出现,推动新旧自我分离。

第一站
缘起：探索"我想要"

01 听到"我想要"的声音

✳ ✳ ✳

有两种力量塑造着你，把你变成了今天的样子：过去的经验和自我的意愿。过去的经验通常是由你跟世界、跟他人碰撞而来的，它是你的历史，让你以习惯的方式行事。而自我的意愿是超越这些经验限制的"我想要"，它会引领你创造新的经验、新的自我。

"我想要"是自我向世界宣示意志，是自我转变的基本动力，也是自我转变的缘起。因此，自我转变的第一站就是理解和重视"我想要"。

"我想要"分很多层次：有些"我想要"是细碎的，比如我想吃什么、喝什么、穿什么；有些"我想要"则郑重很多，比如我想跟谁在一起，我想做什么样的工作；而最核心的"我想要"，是我想成为一个什么样的人。

我曾听武汉大学的喻丰教授讲过一个故事。他在美国留学时去Costco（好市多）购物，看到一位美国妈妈和孩子在买可乐。Costco是仓储式超市，可乐都是一箱箱堆起来的。小孩子指着最下面的一箱可乐说："我想要这箱。"作为一个典型的中国人，喻丰老师当时心想：这个孩子估计要挨揍了！让人震惊的是，这位妈妈问孩子："Are you sure?（你确定吗？）"得到确认后，她真的把上面的可乐一箱箱搬到旁边，把最下面的那箱拿出来，再把其他可乐一箱箱搬回原处。妈妈累得气喘吁吁，孩子却很高兴。

这位妈妈这样做的意义是什么呢？她是通过满足孩子看似胡闹的需求来告诉他，"你想要"这件事很重要。下面那箱可乐会比上面的更美味吗？当然不会。可是，"我想要"的可乐一定比"我不想要"的可乐更美味。

当然，很多人对这件事会有不同的解读。比如，这么做是不是太溺爱孩子了？是不是应该帮孩子认清现实，告诉他并不是想要的就一定能得到？但这些都不是我想讨论的重点。

我想让你关注的是，人的自我意志和现实的矛盾无处不在。"我想要"的意志既可能被以"尊重个性"的名义鼓励，也可能被以"认清现实"的名义打击。在这样的矛盾中，如何对待"我想要"，其实意味着你在多大程度上重视自己。

现在，你可以问问自己，如果你很想要一个东西，不是普通的一件衣服，而是一份想从事的工作或一段稳定的关系，在你心里，这个"我想要"会有多大的分量？你是把它当作不切实际的幻想，还是把它当作重要的信号、行动的指南？

对待"我想要"的不同态度背后，是两种相互矛盾的本能。

一种本能是，我们都希望自我能够成长、变得有力量，能实现自我的潜能。从这个角度出发，我们就需要诚实地面对和回应"我想要"，有时候甚至是有意识地放大它的声音。

可我们还有一种本能——通过取悦他人、服从现实来保护自己，帮助我们活下去。这种本能让我们倾向于寻求安全和确定性。所以当"我想要"出现的时候，我们通常会小心翼翼地看待它，评估它是否会带来冲突和威胁。如果它会引发冲突，我们就会倾向于把这个声音藏起来，有意识地忽略它。而这种忽略其实意味着"我并不重要"。如果忽略变成一种习惯，你再想去找"我想要"的声音，会发现再也找不到了。

这两种本能背后的问题是：对于自我转变，到底是"自我"更重要，还是"他人/现实"更重要？

这个问题的答案不是一成不变的。变化的答案本身就代表了自我转变，它常常分为三个层次。

层次一：自我是他人/现实的背景

为了生存，我们要努力在社会和关系中找到一个位置；我们要学会满足他人的期待，理解并遵守社会的规则；我们要把自己变成群体需要的形状，嵌入某个群体之中。因此，我们常常听不到那个"我想要"的声音。

这时候，我们唯一觉得重要的东西就是被群体接纳。自我只是关系的从属物，别人的声音、外在的标准更为重要。"我想要"处于服从关系，是一种等待被满足的被动状态。外界环境的压力越大，留给"我想要"的空间越小，自我觉醒的程度越低。

法国存在主义哲学家加缪曾说："很多人的自我，其实是他人。"这是什么意思呢？如果我们听从他人的话甚过听从自己，重视他人的感觉和意见甚过重视自己，相信别人甚过相信自己，当自我和他人产生矛盾时，总是把自己的"我想要"藏起来，而关注他人的"他想要我"，那么，自我就没有诞生，我们只是他人声音、他人期待和他人关系的影响的总和。儿童处于这样的发展阶段是正常的，可如果一个成年人的常态也是这样，他就会失去自我。

好消息是，这种对自我压制的状态很难一直维持。当混沌和麻木不断冲击一个人时，就算外界压力再大，这个人内心深处被隐藏的"我想要"还是会慢慢冒出来。很多人会意识到：原来我从来没真正在意过自己。这时候，人就进入了第二层次。

层次二：自我和他人／现实产生冲突与矛盾

随着自我和他人、社会期待之间的矛盾逐渐凸显，我们会隐隐约约听到"我想要"的声音，尤其是那个与现实相悖的"我想要"。我们可能仍会努力满足他人的期待与要求，但会感受到委屈、失落和不甘心。这些感受会不断提醒我们：内心有一部分自我正在觉醒。

我曾和一位治疗师讨论过那些因为家庭内部重男轻女的观念而被"牺牲"的姐姐们。因为母亲把"女性为家庭牺牲"视作理所应当,这些姐姐们从小就被教育"你的需要并不重要,要多为家里的弟弟着想"。她们会自然而然地牺牲自己的"我想要",去支持、赞助弟弟。她们不仅习惯了没有自我,还把这一切都看作"天经地义"。

直到她们开始觉得委屈——这是自我觉醒的开始。可是,委屈背后藏着危险的难题。她们要怎么看待从小教育自己要牺牲自我的妈妈呢?她们又该如何处理跟弟弟的感情呢?她们该如何看待自己的过去?她们会因为要做自己而和家人决裂吗?

因为这种危险,人们并不会直面委屈、失落背后自我的需要,而是以一种妥协、迂回的方式去对待与环境冲突的"我想要"。人们总是会想,现在条件还不充分,也许挣更多的钱,也许等待更久的时间,也许做出更多的忍让和改变,也许牺牲了这个、再牺牲那个,冲突就能被化解。

可是,自我和现实的矛盾在不断积聚转变的力量,"我想要"的声音会越来越大,大到无法被忽略。这个时候,我们就进入了第三层次。

层次三:自我是主体,而他人/现实成为背景

自我意识会逐渐清晰,他人的要求和期待仍然存在,却不那

么重要了。我们开始认真审视"我想要",同时意识到,自己需要为"我想要"负责。

我有一个学员是位上了些年纪的妈妈,就叫她肖阿姨[①]吧。肖阿姨一直为了家庭牺牲自我,直到五十岁才开始觉醒:"翻照片时我才发现,年轻时,我总是笑,在照片上很显眼,一眼就能看到。可是慢慢地,照片上,家人们总是在显眼的位置,而我总是在一个连自己都注意不到的角落。直到婚姻出现变故,我才发现,原来,这么多年我一直忽略了自己。现在,无论愿不愿意,我都要重新成为自己生活的主角。无论多么艰难,我都要把自己找回来。"肖阿姨以如此直观的语言展现了自我与他人/现实在矛盾中的角力。

当自我重新成为主角时,"我想要"会呼唤我们必须正视它、审视它、理解它、帮助它。当"我想要"的声音变得明确时,新的自我就诞生了。

我们会想:我该如何得到他人的支持?如何面对他人的反对?如何协调"我想要"和"他人想要"?有时候,我们依然需要做出妥协或牺牲,但当我们把自我看作主体时,我们就不会只是一味地顺从他人。我们会做出"自己的选择",而不是被逼着做出选择。我们会在选择中感受到自我的存在和力量,自我也会因为选择的多样变得丰富和复杂。

[①] 文中所有朋友、学员、来访者的名字均为化名,且是由编辑帮我取的。

从这个角度思考，你就能理解为什么"我想要"会是自我转变的缘起。有时候，自我开始转变，就是因为你内心有一个"我想要"要去实现。当你清晰地听到自我的召唤时，你就再也没法假装不知道它的存在。

02 为什么我们会"不知道自己想要什么"

✳ ✳ ✳

在转变初期,我常听到人们说:"我不知道自己想要什么。"

"不知道自己想要什么",有时候是因为我们没能掌握足够的信息和经验,有时候是因为我们的自我尚未成型。

我采访过一位李女士,她曾是国内互联网"大厂"的早期员工,通过事业上的打拼,早早实现了财务自由,又通过艰难的探索,经历了很多转变。我请她分享转变的经验,其中最触动我的不是她如何获得成功,而是她在某一刻脱口而出:"那时候,我不知道自己想要的是什么。"

李女士的原生家庭给她贴了两个沉重的标签:一个是"穷",一个是"女性"。其实细究起来,她家并没有那么穷。只是和那个时代的很多父母一样,她的父母总是用"穷"来总结所有问题,并把"穷"变成了一种思维方式。每当她想要什么东西的时候,父母总是呵斥她不应该有这些愿望,因为"我们穷"。穷,就不要多想,不要做梦。

这种"穷"不仅是客观上物质的匮乏,也是身份的暗示,是一种对自我的压制,就好像她是卑微低下的。因为这种卑微低下,她的"我想要"变成了一种天然的"不应该"和"不懂事"。就连梦想都成了耻于让别人知道的秘密，连她自己都想忘掉它。

为了摆脱这种"穷"的感觉，她一直努力挣钱。她很有商业头脑，从技校毕业后就抓住时代的商机，开了一家小小的计算机培训机构，挣到了一些钱。

生活没那么穷了，但还不足以证明她有追逐梦想的权利，因为她马上遇到了第二个标签——"女性"。

李女士出生在一个重男轻女的家庭。虽然她挣了钱，可是父母并不觉得她的能力有多了不起。他们认为，对女性而言，最重要的事是结婚生子，而太能干会妨碍女性的这个"功能"。所以她的父母经常说："你就不要折腾了。开个小店能养家已经很好了，赶快找人嫁了。你一个女孩子，如果太能干，将来没有男孩子会喜欢你。"

当时，她并不觉得那些话有问题，只是有种莫名的失落感，好像自己的人生只能如此了。

转折点出现在2003年，有一个朋友拉她去参加一家互联网公司的年会。那是个元气满满的时代，聚光灯下的老板还在说着"梦想还是要有的，万一实现了呢"。

这些聚集起来一起做梦的人感染了她。她说："我一边看，一边哭，眼泪止不住地流下来。我忽然觉得人生中有一束光，把我照亮了。"

在那束光的照耀下,她的"我想要"逐渐清晰起来,她看见了自己的梦想。在过去的生活环境里,周围的人不断暗示她:因为你"穷"、你是"女性",你不可以有自己的梦想。可是在那个年会现场,她忽然发现:我可以。

她说:"那时候我发现了另一个自己,一个完全不一样的自己。"

原来另一个自我真的存在,就藏在"我想要"背后。她渴望更大的世界和更好的自己。

她以"这家公司男生多,好找对象"为理由,说服了父母,很快加入了这家公司的销售团队,还顺便结了婚。婚后,她全心投入到工作中,凭着那股对梦想的执着,很快成为公司主管。她努力发展自己的事业,一做就是七年。

我问她:"那时候你那么拼,苦不苦?"

她说:"我不苦。人没有希望才苦。那时候,我有希望。"

然而,故事远没有结束。当李女士的人生逐渐展开后,"女性"的束缚又冒了出来。她先生的事业开始起步,需要一个能辅助自己的妻子;她又有了孩子,孩子需要一个能常常陪伴身边照顾自己的妈妈;父母也上了年纪,需要女儿照顾他们。他们都承认她有能力,只是他们都觉得,家更需要她。而她因为忙于工作、忽略家庭,已经跟丈夫产生了很大的矛盾。

于是,那个刚刚展开的梦想又遇到了重大的挫折。其中当然有很多的纠结、挣扎和反抗，可是她最终选择辞职，回归家庭。回忆起做决定的时刻，她说的都是周围人的想法："我老公怎么想，我父母怎么想，我孩子怎么想……"

当我问她"那时候你自己的想法是什么"时，她停顿了很长时间，说："我不知道我的想法是什么。想到这个问题，我的头脑一片空白。"

"'我想要什么'对我来说，一直都是一个难题。"

她那一刻的停顿和空白，是这个访谈最让我感慨的地方：一个人因为追逐梦想而逐渐清晰的"我想要"，竟会因为放弃梦想而重新变得模糊。在她做出重要选择的那一刻，她说的竟然不是"我被迫做了自己不想要的选择"，而是"我不知道自己想要什么"！

变模糊的，不仅是面临选择时的答案，更是她自己。要知道，所谓的自我，其实是靠一个又一个清晰的"我想要"勾勒出来的。

我们会下意识觉得，对于"我想要"这件事，知道就是知道，不知道就是不知道。怎么会一开始知道，后面又不清楚了呢？让我们回到转变的起源——自我和他人/现实环境之间永恒存在的矛盾。我们都在用自己的方式来适应这个矛盾，而这在很大程度上塑造了我们自己。

"知道我想要什么"就是适应这种矛盾的一种方式，这种方式能帮助我们从矛盾中摆脱出来，寻找新的自我。而"不知道我想要什么"其实也是适应这种矛盾的一种方式，只不过这种方式是通过模糊我们自己的想法来避免自我和现实的冲突与矛盾。

但后一种适应方式是有代价的。我们总以为，环境对人的压迫是逼迫我们做出自己不想要的选择，或放弃自己想要的选项。但实际上，环境对我们的影响藏得很深，在明确的想法或感觉成型之前，这种影响就已经存在了。它不是让我们不敢坚持自己的想法，而是让我们压根不知道自己的想法是什么。因为我们在潜意识里知道，一旦"我想要"变得清晰起来，自己就会和这个世界产生不可避免的冲突与矛盾，就要再次面对有梦想却得不到的痛苦。所以，"我想要"会被压抑下来，无法成型。

就像李女士，如果她知道自己还是想追求梦想，她就得直面放弃梦想的痛苦，或者承受与家人的争吵和冲突，甚至跟那些她从小就被灌输的关于家庭的价值观决裂。为了避免这些可能的痛苦，她宁可模糊自己的"我想要"。

从这个角度看，当我们说"不知道自己想要什么"时，更准确的表述其实是"我不敢知道自己想要什么"。"不知道自己想要什么"有时候也是一种选择。当然，这不是有意识的选择，只是潜意识在"知道但可能求不得的痛苦"和"不知道的痛苦"之间选择了后者。

如果是这样，知道"我想要"的意义在哪里？知道"我想要"之后，它就能帮我们坚持自己的选择吗？不一定。有时候我们可以顺从"我想要"，有时候我们又得屈服于现实，或者屈服于更深的"我想要"。

如果李女士意识到自己仍想追求梦想，却依然选择牺牲梦想、回家相夫教子，那我们可以认为，她选择了一种"我想要"，而放弃了另一种"我想要"。这是她自己的选择，只不过这个选择里有遗憾而已。可实际情况是，她只是顺从了环境的要求，把自我隐藏起来，变成了"我应该"，她做出的并不是自己的选择。

人只有知道自己想要什么，才能做出属于自己的选择——无论是追求它，还是放弃它。否则，就只是顺从环境的要求，这里面没有自我。

前面讲过，当"我想要"被清晰地表达出来后，它就没有办法再被压制，而会变成一种促成转变的强大动力。只是这种动力有时候会以痛苦的形式存在。如果你在现实中努力帮"我想要"找到一个出路，等待你的终点就是新自我的建立。

至此，也许你要问自己一个问题：如果一个选项是你不知道自己想要什么，另一个是你知道自己想要什么，却不得不面对更多的烦恼和痛苦，你会怎么选呢？

就像苏格拉底提出的问题：当一头快乐的猪和当一个清醒而痛苦的哲学家，究竟哪种人生更值得过？

你会怎么选？

03 如何区分"自我"和"他人"

✳ ✳ ✳

要在纷繁复杂的现实中理解自己真实的想法和感受,常常要经历一个漫长的过程。要找到真正的"我想要",也是如此。

人有时候为了回避"求不得"的痛苦,会选择压抑自己的"我想要"。但如果你决定直面那种"求不得"的痛苦,不害怕追求"我想要"所带来的现实的麻烦,你就会知道,"我想要"是一种这样的感觉:想到它的时候,你会感到它跟你有一种很深刻的情感链接,它让你激动,让你恐惧,让你担心自己得不到,又让你有切实的渴望。这种渴望是有生命力的,如果你忽略它或失去它,你就会感到失落,因为这背后有你渴望成为的自己。

"我想要"到底是什么?某种程度上,本节的内容并不能回答这个问题。它的答案需要你通过这一整本书,甚至整个转变旅程才能找到。因为这个答案既包括你对过去人生的总结,也包括你还没有创造出来的未来的新经验。所以,当你走完一段转变的历程,踏上新征程的时候,我会重新来回应这个问题。

在这里,我想告诉你的是,**找到"我想要"的过程也是把自我从他人与现实中长出来的过程**。这意味着,"自我"和"他人"

都是了解"我想要"的重要途径。

为了区分"自我"与"他人",你可以问自己以下三个问题。

问题一:是"我想要",还是"别人想要我"?

思考"我想要"时,你会跟自身的经验产生深刻的情感联结;而想到"别人想要我"做的事情,尤其是你自己并不情愿做的事情,你感受到的往往是责任和无奈。

当你用"别人想要我"的逻辑来思考时,你的关注点通常会放在别人的反应上,比如:我这样做,他人会满意吗?如果我做不到,他人会愤怒还是失望?这种思考方式会让你不自觉地假定"别人想要我怎么样"比"我自己想要什么"更重要。

当然,"我想要"和"别人想要我"并不是全然分开的,有时候,他人的期望和你对自我的期许是一致的。可即便如此,也不代表你只能根据他人的要求来思考和感受一切。

我见过很多在矛盾重重的家庭里长大的孩子,他们总会盯着父母的一举一动。母亲的皱眉,父亲的叹气,对他们而言都意义重大。他们习惯用自己的方式去调停家里的矛盾,无论是让自己变成好孩子,还是把自己变成家庭的问题,并会为自己没能解决家庭的矛盾而内疚、自责。对他们来说,家和父母实在比自己更重要。当我问他们对父母的看法时,他们总能讲得头头是道,十分清楚父母的纠结、痛苦、内心的渴望。可是当我问起他们自己想要什么时,他们常常头脑中一片空白。因为太投入于跟父母的关系，他们很少思考自己。

这样的孩子长大以后，容易过度在意周围人的看法，变成一味付出、照顾他人的"讨好型人格"，而没有为自己的需要留出空间。

现在，你可以仔细想想，当你不清楚"我想要"什么时，你处在一段稳定、安全的关系中吗？如果答案是否定的，请你认真地问自己：别人想要我怎么样？我又想要自己怎么样？感受这两者的差别，也许，这就是你去发现那个被压制的、微弱的"我想要"的开始。

问题二：是"我想要"，还是"我应该"？

"我应该"和"别人想要我"有些相似，但并非完全一样。"别人想要我"一般来自具体的他人，"我应该"则常常来自更抽象的社会规则。想想社会中的"常识"：你应该找一份稳定的工作；你要坚强，不能软弱；如果你赚到更多的钱，就代表你更有能力、更成功，反之就代表你更无能、更失败；如果你和别人不一样，你就是异类……

这些规则都有特定的道理，可是它们有一个共通的问题——没有你自己。当你习惯用这种默认的社会评价体系去思考时，你就会失去跟"我想要"的联结。

前段时间，我跟朋友阿宇聊天。他一直都是"别人家的孩子"，学习好，能力强，名校的头衔、高薪的职位对他来说唾手可得。几乎所有外界期许的事情，他都能做得很好。可也正因如此，要他放弃这些人人羡慕的东西去探索自我尤为困难，毕竟要放弃的实在太多了。所以，他一直都不知道自己想要什么，只能顺从"我应该"行事。

他的职业生涯发展得不错，可他总觉得缺了些什么。也许，他缺少的正是跟"我想要"之间深刻的联结。因为大部分事他都能做好，所以这些事对他来说没什么区别。

他问我要怎么找到"我想要"，我说："我没有办法像你那样把所有事都做得很好，我只能做好心理咨询。我做其他的事，都会很平庸。因为只有一条路可走，这增加了我走这条路的难度，可是也降低了选择的难度。有些人是需要依靠'我想要'才能找到一条路的，另一些人只需要依赖社会评价的'应该'就可以。"

保罗·图赫在《品格的力量》①里评论说，很多美国常青藤学校的优秀毕业生毕业以后，去了华尔街的投行和咨询机构，"尽管孩子们学习非常勤奋，但却从未面对艰难的抉择或是真正的人生挑战，尽管他们在进入成年人的世界时不乏能力，但最终还是茫然而不知所措"。

有时候，你需要去区分一件事是"我想要"还是"我应该"。如果你发现自己做的事不过是应该如此，你就会想：那我想要的

---

① [美]保罗·图赫:《品格的力量：坚毅、好奇心、乐观精神与孩子的未来》，刘春艳、柴悦译，湖南教育出版社，2019年版。

是什么？通常你不会马上找到答案，你还需要很多实践和探索，但没有答案的问题会变成探索的开始。

问题三：是"我想要"，还是"我想向别人传递信息"？

这两者很有迷惑性，因为看起来，向外传递信息就是我们主动的想法。

嵌入某种关系时，我们常常会下意识地根据关系做出反应——我们不只想取悦对方、服从于对方，我们还想反抗对方、挫败对方、怨恨对方、战胜对方……一些在旁人看起来很荒谬的行为，如果从关系的视角考虑，就有了合理性，因为你在用一些行为向对方传递信息。这一点在亲近的关系里尤为常见。

我曾见过一个家庭，父亲是一位成功的企业家，他希望孩子接自己的班，因此对孩子分外严格。孩子一开始很听话，可青春期时叛逆起来，抽烟、喝酒、逃学。在咨询室里，孩子愤怒地对他父亲说："你以为你很成功，在外人面前人模狗样的，在家里也总是高高在上。我就是要告诉你，你不成功！"

原来，孩子是通过把自己的生活搞得一团糟来证明父亲并不成功。这种自毁背后有孩子深深的委屈，这种委屈让孩子觉得，证明父亲不成功远比自己的前途更重要。

这种反应不只会发生在家庭里，也会发生在很多关系中。报复，是人受伤后的反应。因为不想轻易放过对方，我们会不介意把自己当成工具来换得一个报复对方的机会。可是，就像看守囚徒的狱卒其实也被囚徒困住了,这个"不放过"也深深地伤害着我们自己。

当我们把自己当成工具来表达对对方的怨恨和不满时,其实是把对方放到了一个比自己更重要的位置上。我们其实是在说:"让你不舒服比让我舒服更重要。"

这时候,你要问自己:为什么要把对方放到这么重要的位置上,甚至重要过自己?除了向他传递信息,我自己想要的究竟是什么?

04 如何面对"求不得"的"我想要"

✳ ✳ ✳

虽然前文一直在强调"我想要"的重要性,可是我跟你一样清楚,"想要"不代表一定能实现。总有些时候,我们会无可避免地碰触坚硬的现实。

这就是生活的残酷之处,它常常给了我们一个梦想,却又不告诉我们到达梦想的路。它只是不停地小声嘀咕,让你听不清楚,又无法忽略。当我们想要鼓起勇气追寻梦想的时候,现实的生活经验又常常给出另外的暗示:梦想那条路根本走不通。于是,很多人被困在无法选择的境地里,既无法安于现实,又不能抵达梦想。

如果你也有过被困在梦想中的体验,那你不妨看看下面这个故事[1]:

从前有个落难的公主,因为战乱,颠沛流离到了民间,靠做一份普通的工作为生。她依稀还记得自己公主的身份,可是这个身份除了给她带来失落和痛苦,并没有别的用处。周围的人

---

[1] 这是我为一个来访者编的故事,用来说明她的处境。

当然不知道她公主的身份,而她为了避免别人多问,主动选择离群索居。日子一天天过去,作为公主的记忆在慢慢地远离她,那些曾经的生活变成了模模糊糊的痕迹。她不知道自己该记住这些痕迹,还是该忽略它们。如果选择记住,她会一直感到痛苦、失落,如果选择忽略,她则会忘记自己是谁。

如果你是这个公主,你会怎么选呢?

其实,我想通过这个故事告诉你的是,找到明确的"我想要"已经很难了,更难的是,就算你知道了"我想要"什么,也未必能得到它。

该怎么面对这个难题呢?关于这件事,在不同的阶段,我有不同的答案。年轻的时候,我会想,梦想那么珍贵,当然要坚持;年纪再大一点,我就想,我们一生会拥有的梦想不止一个,有时候,需要先承认珍视的东西失去了就再也回不来了,才能去寻找新的出路,寻找另外的梦想、另外的生活、另外的"我想要"。

可是,最近我又有了一个新的想法。这个想法源于"自我转变训练营"的一个学员小C。她有一个多年的梦想——成为电影导演。为此,她看了很多电影,读了很多书,还专门做了一个微信公众号来介绍电影。可是,她现实中是名财务,每天一边跟恼人的数字打交道,一边应对职场的勾心斗角。我一度以为,当电影导演只是她逃避现实的幻想,直到她跟我分享她用手机拍的一部短片。她拍的是上海最后一班地铁上的乘客,每一张面孔都像在诉说一个故事,而从那些行色匆匆又略显疲惫的面孔中,我们好像看到了自己。这部短片不会有太多人看到,可是很多看过的人都感受到了某种共鸣。

我想,小C的导演梦也许永远不会实现。可是当她拍这些短片、给我们看这些短片的时候,她的导演梦又有了另外的含义。她成功了吗?当然不算。她失败了吗?也不见得。

有些"我想要",超越了成功或者失败的标准。它补充了我们的生活,成了自我的一部分。

我还有一位学员,她叫小月,一直过着拧巴的生活。她从小就喜欢诗歌、文学,有一个文学梦。她曾经写过网文、诗歌,那是她对自由、远方的向往。可是,她父母对这一切不以为然。为了让父母放心,她每一个重要的人生选择都循着主流的道路,最后从事了一份跟文学毫无关系的行政工作。

她说:"就好像有一条隐形的绳子拽着我,无论我想做什么,那条隐形的绳子都不让我去。原来我觉得,绳子的那头在我父母手上,但后来他们老了,我长大了,那条绳子就好像长在我心里了。"

小月曾经反抗过,想辞职去寻找更符合"我想要"的工作。可是她妈妈知道后,在电话那头哭了起来:"你千万不要辞职,你辞职之后我会疯的。"

"这不是一句恐吓,"她说,"这是真的,我妈妈当时的状态就是要疯了。"

于是她按下了辞职的心思，一边做着自己不喜欢的琐碎的行政工作，一边憧憬着别处的生活，同时怨恨妈妈掌控了自己的人生。就这样过了很多年，她慢慢适应了那份工作，那些对自由的向往、对文学的憧憬变成了遥远而模糊的梦。

几年前，她外公去世了，她利用自己写作的才能给外公写了传记。这件事给了她妈妈很大的安慰。她还鼓励妈妈写自传，并帮妈妈修改。在这个过程里，她逐渐理解了妈妈不安全感的来源，那是一个更遥远的时代的印记。

她说："我一直以为那条绑着我的绳子是拽在妈妈手上的，现在我发现并不是。妈妈也是被这条绳子绑着的人。绳子的另一端不在她的手上，在更遥远的历史里。"

因为这个发现，她跟妈妈达成了和解，也跟自己总是得不到的"我想要"达成了和解。

她说："我所经历的痛苦就像考试一样。我认真地答了一整面卷子，等翻过去后，有人告诉我，这只是一些练习题，接下来才是正式答题的时间。然后，我已经没有时间答题了。我好希望自己二十岁的时候就可以经历这一切，我就可以自由追寻我想要的东西。但是到了今天，我已经不再年轻了。我找到的答案是，我要臣服于自己的命运。我以前想答的题，没时间答了。但我还有时间去完成我需要解答的、现实给我的题目。"

看完这个故事，你的感受是什么？除了遗憾，我被另一种更深的东西打动——人面对遗憾的尊严。人要多么勇敢，才能去面对这种遗憾。

小月并没有实现她的"我想要",但我总觉得,她的遗憾里是有自我存在的。

并不是所有"我想要"都能被实现。未实现的梦想会给我们带来很多痛苦,可是,知道"我想要"和不知道"我想要"还是有区别的。

知道"我想要"虽然会让我们面临很多矛盾和冲突,但这些矛盾、冲突在给我们带来痛苦的同时,拓展了我们内心的空间。就算没有被实现,"我想要"也另有意义,它的意义就在于"知道"。

"知道"本身就是对"我想要"的重视,而重视"我想要"就是在重视我们自己。它需要勇气,一种以清醒的姿态直面自己和世界的勇气。无论最后如何安放"求不得"的遗憾,当你知道自己想要什么的时候,你就有了自我。

人的一生何其漫长,很多东西都会改变。想要的,不一定能实现;现在追求的,不代表将来还想追求。一些梦想会丢失,一些梦想会被找回。有些曾经被认为重要的人或事,也可能变得不再重要。

就算你没有选择"我想要",没能实现"我想要",不要怕,先知道它,把它当作自己的重要成就去珍惜。

● 转变工具：采访三个人，探索自己想要什么

为了帮你更好地探索"我想要"，在此，我要为你提供一个工具。

任务

采访三个对你做出自我转变决定影响最大的人，比如，父母、伴侣、孩子、上司、导师……

提示

你可以思考以下四个问题：

1. 他们想要你怎么做 / 怎么想 / 怎么说 / 做什么选择……

2. 你对他们"想要你"的反应是支持 / 反对 / 感动 / 愤怒……

3. 你希望他们"想要你"……

4. 你从他们的期待中看到"自己想要"……

用法

有些时候，你不知道自己想要什么，是因为你对别人的期待和反应很敏感。看清你对别人反应的反应，有时候能成为你理解自己想要什么的线索。

比如，有些人说："听到他这么说，我很开心。开心就是对自己想要的确认。"另一些人说："听他这么说，我有些失望。失望背后，也藏着我的'我想要'。"

如果你还没有明确的"我想要"，你可以尝试一下这个方法。也许，采访对象会帮助你发现此前没有意识到的自己。

第二站
召唤：寻找自我的可能性

05 选择的依据是环境还是自我

✳ ✳ ✳

在人生的某些时刻，你会站在选择的重要关口。你知道，这个选择关系到你未来的人生走向，可你看不清这条路的前方到底有什么。

就像美国诗人罗伯特·弗罗斯特在《未走的路》[①]中写的那样：

金色的树林中有两条岔路，

可惜我不能沿着两条路行走；

我久久地站在那分岔的地方，

极目眺望其中一条路的尽头，

直到它转弯，消失在树林深处。

---

① [美]罗伯特·弗罗斯特：《弗罗斯特诗全集》，曹明伦译，商务印书馆2024年版。

在转变期，我们经常面临这样的选择。比如，我该继续做现在的工作，还是该换一份工作？我该继续在这个行业内找机会，还是该换一个行业？我该继续跟着这个老板，还是该另找一个老板？我该改变自己来适应这个人，还是该跟他分手？

如果说，你过去选择的是现实提示的那条稳定、清晰、可预期的路，而你内心隐隐约约的"我想要"暗示了另一条路：神秘、幽远、充满诱惑，又带着危险和不确定，你会怎么选择呢？

其实，**真正考验我们的不只是怎么做选择，更是我们依据什么做出选择。**

传统意义上，我们做出选择的依据是现实。

我们通常会做两件事。第一件事是分析现实的利弊得失，这几乎是人的本能。比如，我有一个学员想从建筑设计师转行，他就需要考虑：继续做建筑设计师的好处是什么？风险又在哪里？如果转行，我得付出多大代价？又会得到多少回报？

为了算清这些利弊得失，我们会做第二件事：努力预测未来。比如，未来行业的发展如何？大环境怎么变化？权威人士怎么看？

这两件事都是为了减轻不确定带来的焦虑。可是，设想一下，如果有一天，科技发展到AI（人工智能）能把每个选择的利弊得失算得清清楚楚，明确告诉你哪个选项的收益更大、更合理，你会只根据AI的判断做选择吗？如果会，那这个选择还是你做的吗？还是说，你只是通过执行 AI 的判断，逃避了做选择的责任呢？

事实上，我们的选择永远要面对很多不确定，这才是世界的真相。如果只是根据外界信息做出选择，你就会忽略最重要的因素：你想成为什么样的自己。

选择的核心含义就是选择成为什么样的自己，并为这个选择承担责任。

和分析外在的利弊得失不同，当你从"想要成为什么样的自己"出发去思考选择时，你就开始了向内探索的旅程。这时候，你做选择的依据就不再只来自外部世界，更有来自内心的召唤。

从外在的利弊得失到内心的"我想要"，改变选择依据的意义是什么呢？答案是，它会改变我们跟现实的关系。

把现实的利弊得失作为选择依据，我们就不自觉地遵循了一个假设：现实是最重要的决定力量。相比之下，人的自我是渺小的。这样想的话，自我的意志就会萎缩，我们会有一种无力感。

可是，**把选择依据转回内心，意味着我们开始为选择承担责任。**这时候，我们会把自己的愿望、体验、感受、力量放到重要的位置，会重视自我意志，会努力实现"我想要"。

要知道，把内心作为选择依据并不意味着你要无视现实，只是你会用自我去处理现实，而不是成为现实的提线木偶。

当然，就算你把"我想成为什么样的自己"作为选择依据，也不意味着由此得出的答案就是清晰、完整的。有时候，你只知道自己不想成为什么样的人，却并不清楚自己想成为什么样的人；有时候，就算你知道了自己想成为什么样的人，你还是会因为现实做出妥协。

可是，当我们把选择依据切换到自我以后，我们就走上了一条与分析利弊得失完全不同的道路，一条在探索中逐渐完成的路。这条路有时候比得到一个简单的答案更重要。

06 如何找出最重要的那个自我

✳ ✳ ✳

在转变期,虽然你需要把选择依据从现实的利弊得失切换到自我,响应内心的召唤,但是你很可能仍不知道该怎么做选择。这是因为,你有很多个自我。更确切地说,是很多个自我的种子。

斯坦福大学心理学家黑兹尔·马库斯有一个理论,他认为每个人都有很多个可能的自我,这些自我之间存在优胜劣汰的竞争。所以,你在做选择时要记住,每一个选项背后,都有一个可能的自我,它们在对着你喊"选我,选我"。如果你没有选择那个"我想要"的自我,它就会慢慢消失不见,就像没有存在过一样。如果你选择了"我想要"的自我,它就会带你去一条充满危险、不确定和机会的少有人走的路,直到你把它变成现实。所以,你如果喜欢某一个自我,就要去放大它的声音,为它代言,而不是压制它、劝服它。

当然,即使你做出了选择,这也只是个开始。自我的形成是一个漫长的过程,还需要很多和现实的碰撞,需要你去奋斗、调整,甚至妥协。可是,选择你喜欢的自我,至少能够变成一个坚实的起点。

我有一位来访者叫羽晗，她就面临过艰难的选择。博士毕业后，她在一家研究所工作。研究所的老板很护着所里的老师，会帮他们争取各种资源，以拿到重要的课题、评上职称。可这个老板很强势，如果羽晗做事令他不满意了，他就会大发脾气，甚至有时候会不顾情面地直接贬低她："凭你的做事能力，如果不是我罩着你，给你资源，不要说评职称了，你连活下去都困难。"

每当这时，她就会愤恨地想：我是不是该换一份工作？朋友、学生也劝她跳出来，说她的专业在企业里有很多可发挥的空间。但那并不是她熟悉的环境，有一定的风险。相比之下，研究所的工作稳定，还受人尊敬。而且，留下的话，她将会顺利地评上职称。

可她在研究所不快乐，就像一个被妈妈控制的孩子，没有办法获得独立。有时候，她劝自己：老板只是刀子嘴豆腐心，别在意。有时候，她又觉得自己不能再忍下去了。同时，她还感到害怕：老板说的是不是对的？如果没有他的保护，我会不会一事无成呢？

她在"留下"和"离开"这两个选项上反复纠结、犹豫，既对现状不满意，又无法下定决心换工作。

其实，这样的选择之所以难，是因为选择背后通常有三个视角在不停地彼此撕扯。

第一个是现实的视角。从现实的视角看，羽晗是在稳定的、受人尊敬的工作和不稳定、但有一定机会的工作之间进行选择。这样看，我们也许会觉得，工作性质是最重要的，老板脾气好不好只是需要适应的小事。

第二个是关系的视角。从关系的视角看，羽晗是在受保护却被贬低的关系和独立自主的关系之间做选择。一方面，她像孩子一样渴望长大，渴望挣脱保护，去独立发展自己；另一方面，她又享受这种被保护的好处，当她尝试往外走时，会产生很多自我怀疑。

第三个是自我的视角。从自我的角度看，羽晗每个选项背后都有不同的自我，要做出选择时，她需要考虑的是：哪个自我对我更重要，更符合我想要成为的那个自己？

通常情况下，我们会把三个视角下的所有得失放到一起考虑。比如，虽然我可能会失去一份稳定的工作，但我会有更多的发展机会。然后，把所有得失按照重要性加权，通过平衡利弊得失来做出选择。

现在，我想邀请你用一个新的视角思考：把所有选项统一到自我的视角。比如，我们希望工作稳定、收入丰厚，这是一个现实的考虑。但同时，它也是自我的考虑，这背后有一个渴望生活稳定、受人尊重的自我，这个自我同样很重要。而且，我们还希望得到老板的保护，这背后有一个渴望被保护、被照顾的自我，只是它与渴望独立成长的自我相矛盾。

接下来，我们要怎么从这些自我中做出选择呢？具体来说，有三步。

第一步，把所有好处／坏处列出来。

以羽晗为例，如果她留在研究所，会获得很多好处，比如稳定的工作、受人尊敬、能评上职称；同时也有很多坏处，比如高压的环境、让人焦虑的关系、不够自主。

同样，离职也有很多好处，她会拥有更多的可能性，更加自主；离职也有很多坏处，她需要自己寻找资源，有一定的风险。

第二步，把每个好处/坏处背后可能的自我都找出来。

既然每个选项背后都有一个可能的自我，那我们就可以把上一步列举的每一个好处/坏处都翻译成可能的自我。比如，留在研究所的好处可以翻译成追求安全可控的自我、理智清醒的自我、为家人负责的自我，留在研究所的坏处则可以翻译成忍辱负重的自我、希望安全和稳定的自我。同样，离职的好处可以翻译成追求可能性的自我、勇于反抗的自我、追求独立的自我，坏处则对应着冲动的自我、懦弱的自我、缺乏独立性的自我。

第三步，试着让自己跟这些不同的自我产生情感连接，找出最重要的那个核心自我。

要怎么跟自我产生情感连接呢？有一个非常直接的方法，就是"读"出这些好处/坏处背后的自我。把这些文字清楚地读出来，你会感受到它们对你产生的影响是不一样的。虽然它们都在喊着"选我，选我"，但它们常常激起你不一样的情感反应，有的自我你会很想要，有的自我你没什么兴趣。你需要做的，就是把对你最重要的那个自我选出来。

你如果逃避这个选择，就会认不出那个无论面对多大困难都无法舍弃的自我。

07 什么才是自我的核心

✳ ✳ ✳

徐皓峰导演的电影《师父》里，有这样一个情节：

因为担心天津武馆在武林中的地位被挑战，几个武林高手把一个要跟他们比武的年轻人带到了天津边界。他们在他两肋插了两刀，令他伤得虽重，但不至死。他们告诉这个年轻人，前面不远处就有家医院，赶到医院去，命还保得住，但是不要回天津了，路途遥远，一定会死的。

在这些武林高手看来，那个年轻人只是个小人物，他们给他留了一条活路，已经仁至义尽。可是没想到，他们眼里的这个小人物只是朝着医院走了几步，就二话不说往天津跑，最后失去了自己的生命。

这个年轻人为什么会做出这样的选择呢？因为对他来说，以什么样的自我存在于世要比这个自我能存在多长时间更重要。换句话说，令他引以为傲的、概念上的自我，要比现实存在的自我更重要。他宁愿失去生命，也不愿失去那个重要的概念上的自我。

在这种无法舍弃的自我背后有一个核心的东西，叫"保护性价值观"。如果发现了它，你就会认出自己，也会知道该如何做出选择。

"保护性价值观"是由美国心理学家乔纳森·巴伦和马克·斯普兰卡提出的概念。它指的是，人内心存在一种绝对的价值体系，既神圣又无价，不能被交易。这种价值体系一旦被侵犯，无论冒什么样的风险，人们都会为之战斗。

虽然我们大部分人面临的选择并不像《师父》里的年轻人那样，极端到会威胁自己的生命，可类似的选择情境还是会经常出现在生活中：我们要么会失去一些现实中的重要事物，要么会失去某个自我。

当你处于这样的选择情境中时，你会发现，总有些东西不是现实的利弊得失能够衡量的。无论要损失多少钱、吃多少苦，它们都是你不能拿出去交换的东西——这就是保护性价值观。

保护性价值观看起来有些抽象、不理性，却会在很多重要的时刻主导人们的选择。从自我的角度看，保护性价值观是自我建立的基石，我们在这个基石上构建出自我存在的意义。如果放弃了它，"我"就不再是我自己，"我"这个人就不再成立。

不妨想一想，你在生活中是否做过一些重要的选择，这些选择并没有遵循趋利避害的理性原则？有没有一些时候，你会忽然冒出一种倔强，虽然别人觉得没有必要，你却咬紧牙关坚持要那么做，哪怕为此蒙受重大的损失，甚至让人生变得动荡？其实，这都是因为你有一个很重要的自我需要维护。

我有个学员叫郝婷,她曾有过一段在外人看来很不错的婚姻。她和先生的学历都很高,两个人的工作也很不错。她的公公婆婆退休前是做企业的,经济条件很好。那时候,她颇有一些嫁入豪门的幸运。可是慢慢地,日子过得越来越不舒服。

结婚以后,公公婆婆坚持和他们一起住。因为以前的身份地位,公公婆婆是家里绝对的权威。很多生活中的细节让她觉得自己在家里不被尊重。比如,她热爱自己的工作,在工作中能感受到自己的价值,可是她一加班,公公婆婆就会说:"没必要啊,你挣的钱又不多,女人把家里顾好,辅佐你老公的事业才是最重要的。"有时候他们还会流露出对她原生家庭的轻慢,比如她希望能攒钱,可公公婆婆总是说:"以前你的出身不好,现在不一样了,你的消费习惯要改改。"

这些轻慢和不尊重的背后,是对她核心自我的否定。她跟先生讲这些事时,他并不能支持她,因为他习惯服从父母的权威,哪怕两个人已经成立了小家。一遇到矛盾,她先生就会说:"你就去跟我爸妈道个歉,你就服个软。"为了不让先生为难,每次她都选择忍气吞声地跟公公婆婆道歉,哪怕心里并不觉得自己做错了什么。

就这样过了很多年,她觉得越来越压抑,越来越找不到自我。

直到有一次,她跟公公婆婆因为一件小事产生了矛盾。这次不知道哪里来的劲头,她就是不肯道歉,坚持自己没有错,还把这么多年的委屈都发泄了出来。

事情开始朝着失控的方向发展，这让她又激动、又害怕。僵持不下之时，她从家里搬了出去。后来先生去找她，她知道，只要自己一低头，就会回到原来的生活里。可是这一次，她无论怎样都不肯服软，甚至主动提出离婚。先生不愿意，所以在分割财产的时候万般不配合，让她自己找律师。

拉扯到最后，她说："好，那我什么都不要，都给你好了！"

先生听了很错愕，他从来没想过自己的老婆会如此决绝，但并没说什么。

她什么都没拿走，就离开了这段婚姻，离开了原来的工作，离开了他们原本居住的城市。然后，她在另一个城市找到一份新工作，从基层做起，慢慢地重新建立起自己的事业。

时至今日，讲起这个选择，她仍然会失落，不仅为自己放弃的一大笔钱和失去的婚姻，更为孩子。就算重新成为公司高管，有时候她看到薪资没自己高的下属有房子、有孩子，周末可以跟家人一起出去玩，仍忍不住在深夜落泪。

可是回想起那个选择，郝婷告诉我："我没有办法。原来我以为，有些事忍忍就算了，但后来我发现自己没法忍。那会让我觉得不被尊重，觉得自己没有价值、没有希望。以前我的标签是'家庭'，现在我成了职业女性。但这不是关键，关键是，我需要有自己的尊严。没有它，我就不能活。"

是的，为了保护自己的尊严，有时候人就是会付出这么大的代价。

也许你会问：郝婷还是会失落，这是不是意味着她后悔了呢？并不是。就算我们保护了自我的核心，也无法避免失落，失落是面对重要"失去"的情感反应，而后悔是我们觉得自己做错了事。

郝婷并不觉得自己做错了什么。相反，她说："我后悔的是没能早点做这个选择。我总是觉得自己能够改变，可是最终发现，有些东西是改变不了的。"

我们很难知道一件事对自己有多重要，有时候，我们是靠放弃一些东西来为它标上价格的。放弃的东西告诉你，你所捍卫的自由是无价的。当你得到它的时候，它就真的清晰地变成了你的自我的一部分。

我们就不能用更妥善的方式来获得这种自由吗？不是没有这种可能。可是，对郝婷来说，如果用更妥善的方式去处理，她就不会获得自由，毕竟她以前一直这样处理矛盾。有时候我甚至想，也许最珍贵的东西就是要通过这么难的选择才能得到。

那保护性价值观的意义在哪里呢？对于一个身处转变期的人来说，保护性价值观不仅能帮他做出选择，还是他重建自我的基础。如果没有这样的倔强，也许我们就不会知道自己是谁、身在哪里，也不知道该怎么重新开始。

不过，也许你会产生疑问：保护性价值观就一定是对的吗？

它会不会反过来阻碍我们的发展呢？有可能。在危机时刻，一味地坚持保护性价值观可能会妨碍我们解决危机。保护性价值观在给我们力量的同时，也会让我们失去某种灵活性。

此外，在有些时候，保护性价值观会发生改变。有些你以前拼命想坚持的东西，可能会慢慢变得不再重要，甚至会让你觉得它是错的。

正因为保护性价值观的两面性，对身处不同阶段的人，我会给出不同的建议。

对已经做出选择的人，我会肯定你们的做法，因为我知道，这对你们很重要。你们要借着保护性价值观去完成属于自己的转变。

对正处于选择中的人，我会审慎地问你们："是不是只能如此？"你们要保护的东西是毫无疑问的，可是如果能以不同的方式来保护它，也许就能发展出一些灵活性。

但无论如何，保护性价值观被触发的时刻常常是我们人生的重要时刻。

我在前文讲过，在众多不同的自我中，我们只根据最重要的那个自我做选择。这是为什么呢？

答案是我从很多人的选择中发现的：很多时候，我们并不是根据理性的利弊分析做出选择，而是仅仅根据那个我们无法舍弃的核心自我做出选择，并以此建构自己的人生。你会看到，因为做了某个选择，对应的那个自我开始逐渐清晰起来，直到有一天，你能准确无误地辨认出它。这时候你就可以说，"我找到了我自己"。

弗罗斯特的《未走的路》，后面还有一段：

我将会一边叹息一边叙说，
在某个地方，在很久很久以后：
曾有两条小路在树林中分手，
我选了一条人迹稀少的行走，
结果后来的一切却截然不同。

选择顺从环境，还是选择听从自我？一切的不同，都是从这里开始。

● 转变工具：用删除法寻找核心自我

如果现在并不确定你的核心自我是什么，你可以尝试使用下面的删除法。

任务

用删除法探索核心自我。

提示

你现在正面临什么艰难的选择/你经历过什么艰难的选择？

1. 列出你面临选择时的所有选项。
2. 列出支持每个选项的理由。
3. 列出每个理由背后代表的一个可能的自我。
4. 逐个删除这些自我，直到剩下那个对你最重要的自我。

用法

完成后请思考：这个可能的自我对你有多重要？为什么你最后会保留它？你曾有过什么跟这个自我有关的重要体验？

第三站
容器：培育新自我

08 如何打造一个培育新自我的环境

虽然我在前一站为你介绍了如何用自我的视角来做选择，但转变从来不是靠一两个选择完成的，它需要经历一个完整的过程——让旧的自我逐渐消退，新的自我逐渐成长。

有些人在做出选择后仍会碰到艰难的挑战，因为他们不知道该怎么在现实中发展这个新自我。有些人即使知道选择的依据是什么，却仍然没有办法做出选择，这不是优柔寡断，而是新自我还不够成熟，选择的时机还没有到来。

怎么才能在保留旧自我的情况下，先把新自我培育得更成熟呢？这就来到了自我转变的第三站：容器。

什么是容器？一个胎儿要发育成熟，需要一个子宫来孕育它。一颗种子要长成参天大树，需要一块肥沃的土地来培育它。一个新自我要诞生，需要一个安全的环境来激发它，让我们能大胆探索，积累新自我形成所必需的经验。这个环境可能是一段时间，可能是一段关系，也可能是一个空间……不管形式如何，我把这个**刻意打造的、用于培育新自我的环境叫作"容器"**。

贾雷德·戴蒙德是一位著名的生物学家和作家，写了很多从科学视角看待人类发展的畅销书，比如《枪炮、病菌与钢铁》《崩溃》《第三种黑猩猩》等。不过你可能不知道，他曾经差点放弃自己的学术生涯。在《剧变》①这本书里，他讲述了自己经历的这场心理危机。

他在本科毕业后以优异的成绩去剑桥大学读研究生，可是在做了整整一年的生物实验后，他发现自己什么都做不好。过高的期待和现实的落差让他怀疑起自己和梦想。

他开始考虑退学，转做同声传译。他很有语言天赋，便觉得翻译似乎是自己喜欢并擅长的事，而做科学家只是出于虚荣心，想要得到别人的认同。那时候他在枕边放着梭罗的《瓦尔登湖》，觉得过一种清心寡欲的生活才是活出自我。

有时候我们确实会这样，当我们追求另一个目标（比如做同声传译）时，会很难看清楚，这到底是在追求真正的自我，还是在逃避眼前的挫折（比如做不好生物实验）。我们需要新的实践，

---

① [美]贾雷德·戴蒙德：《剧变：人类社会与国家危机的转折点》，曾楚媛译，中信出版集团2020年版。

让答案逐渐清晰起来。

戴蒙德把辍学转行的决定告诉了父母。他的父亲是一位学者，当然希望儿子能够继续学业。幸运的是，他的父母并没有贸然替他做决定，而是温和地听他讲述烦恼。

最后，他的父亲提了一个建议：现在不过是戴蒙德研究生学习的第一年，实验也才进行了几个月，直接放弃原本计划好的事业未免有些为时过早，不如回到剑桥大学再花半年时间做实验，如果还是不成功，可以在春季学期再来做决定。

这个建议一下子让戴蒙德放松很多。他既没有放弃学业，也没有完全放弃做同声传译的可能性。这半年间，他努力地做实验。努力加上运气，让他的实验有了很大突破，引起了学界的注意。新的经验给了他很大信心，让他越来越认同自己作为研究者的身份，他从此埋头做研究，直到博士毕业。他几乎忘了这到底是因为自己喜欢，还是出于被认同的虚荣。后来，他成了成功的生物学家和作家。我们可以认为，这半年时间确定了戴蒙德后来的人生走向。

在这半年里，他做了什么？就是为自己打造了一个容器，去努力培育新自我。可是，容器并不只是给自己半年时间这么简单，其中蕴含着深刻的心理学原理。

容器可能是一段可供探索的时间。

戴蒙德面临的状况是，在一个尚未被验证的旧自我和一个尚未成熟的新自我之间做选择。这种选择是令人痛苦的，某种程度上，他几乎要凭着想象做出对人生至关重要的选择。而那一学期的过渡期帮他创造了一个可以同时容纳两个自我的容器。他可以通过实践去创造一些新经验，让新的自我变得明晰，并让选择更容易一些。

为什么只要一个学期的时间，事情就能够变容易呢？有一个明确的时间，可以减轻我们做选择的焦虑。戴蒙德可以对自己说："我不是逃避选择，而是一个学期以后再做选择。"而且，"一个学期以后"这个具体的时间点能够在不确定中创造出确定性——确定的东西可以卸下我们心里的重负。

最为重要的是，新旧自我造成的内耗是转变期常见的心理现象，创造一个容器，能够帮我们避免这种内心的冲突。戴蒙德可以告诉自己："一个学期以后，我可以去试试做同声传译，所以现在反而不必那么着急，不妨把所有精力先放到做实验上。"正是因为保留了这种可能性，他才能够全力以赴去创造新的经验。

新自我的产生需要在实践中创造新的经验，有时候，容器给了我们足够的安全感和一段自洽的时间去创造新的经验。

曾有一位读者阿慧对我讲述了她的烦恼。她的梦想是读博后成为高校老师，她过往的所有努力都在为这个梦想做准备。可是她申请博士被拒了，无奈之下找了一份工作。这份工作特别忙，压力很大，工作内容又都是事务性的，跟她的梦想相去甚远。

这时候，她面临一个难题：如果放弃梦想，她就会失去那个

一直想要成为的自己，她可是为了那个自己付出了很多努力；如果放不下梦想，她就没法进入当下的生活，眼前的一切都会变成需要忍受的苟且。

这种矛盾导致她更难把注意力集中到眼前的工作上，变得更难适应现状。作为职场新人，她本来就会遇到很多压力和挑战。那些压力和挑战原本是有利于她积累经验的，可如果她一直放不下之前的梦想，就会感到沮丧和失落，觉得"是因为我没有追求梦想，才需要经历这些"。另一种可能性变成了她逃避挑战的出口。

阿慧问我该怎么办，我给她讲了戴蒙德的例子："或许你也要给自己一个学期的时间，给自己制造一个容器。你可以告诉自己，这个学期，我要全力以赴去工作，看看有什么改变。你并没有完全放弃梦想，一个学期以后，如果你实在觉得这份工作不合适，再来做决定。"

一学期后，她逐渐适应了工作，也找到了发挥自己才能的空间，决定先工作几年，再去读博。

容器还可能是一段既提供支持、又给你空间的关系。

你有没有发现，戴蒙德父亲的做法非常明智。试想一下，如果这位父亲坚持要儿子走学术之路，告诉他："你绝不能退缩，你选择同声传译只是为了逃避现在的困难，我比你多吃这么多年的饭，我是为你好……"结果会怎么样？

也许戴蒙德表面上会听从父亲的话，但心里想的是：这不是我要走的路，这是父亲要我走的路。这样他就很难全力以赴。也许戴蒙德压根就不会听父亲的话，他会觉得：凭什么我要听你的？你为什么要否定我的梦想？原本他还在犹豫，一冲动，可能马上就放弃学业了。

关系就是这样，它有时候会干扰我们。如果戴蒙德把"继续做研究"和"遵从父亲的愿望"联系起来，把"做同声传译"和"我要独立为自己做决定"联系起来，那么，他明明想要的是"独立为自己做决定"，却会误以为"我想要做同声传译"。很多错误的选择就是这样发生的。

戴蒙德的父亲并没有为儿子做决定，他在保留可能性的同时，把最终的决定权交给儿子，并表示无论如何，自己都会支持他。

这种宽容和支持创造出一种关系的容器。这种容器对探索新自我是非常珍贵的，因为它创造了一个安全的空间，允许我们在不受关系干扰的情况下，思考自己真正想要的是什么。

我曾经遇到一个年轻的朋友，他因为考研失败陷入了抑郁，觉得前途渺茫，什么都不想做，就回到了家里。那时候他父母已经分开了，他先去了妈妈家。妈妈不停地鼓励他振作起来，帮他写简历、找工作，可是这反而让他心烦意乱。于是，他又去了爸爸家。

跟妈妈不同，爸爸什么都没说，既不催他早睡早起，也不管他打游戏到深夜几点，只是每天给他做饭，喊他一起吃。有时候心情好了,两个人会去散散步,随意聊几句。他爸爸总是听得多,说得少。就这样过了一个月,他忽然觉得自己不能再这样浑浑噩噩下去了,就找了一份工作。

他爸爸究竟做了什么帮到了他呢?表面看起来,似乎什么都没做,但正是这种"什么都没做"里包含了帮他复原的最重要的元素——他爸爸给了他一个容器,让他去整理、修复自己。这种不打扰背后是一种信任:爸爸相信儿子会自己找到出路。

处于转变期的人最需要的就是一个宽松的、能让人深度思考的容器,让他能慢慢探索答案,这远比任何明智的评价更有疗愈的效果。

09 如何在容器中探索新自我

✳ ✳ ✳

虽然容器让我们不必立刻做出重大的人生选择,但我们仍然需要选择自己想尝试什么样的新自我。还是以戴蒙德为例,他给了自己一学期时间作为容器,同时他选择继续努力做实验,而不是去做同声传译。

那么,如何在容器中做自我探索呢?

如果你想要做的事情是明确的,而旧有的工作、生活能够提供足够的时间供你探索,那你很幸运,探索会变得相对简单。比如,《三体》就是刘慈欣在山西娘子关发电厂当工程师时写的,《明朝那些事儿》是当年明月在佛山海关工作的时候写的,爱因斯坦早期的论文是他在瑞士专利局上班的时候写的。虽然他们做的工作是事务性的,却并没有引发"眼前的苟且"与"诗和远方"的冲突,而是变成了他们创作的容器。

但这种情况只属于少数幸运儿。他们想做的事很明确,现实的工作也给足了空间和安全感让他们去培育新自我。对大部分人来说,情况并没有这么简单。我们需要用一种方式把新旧自我联系起来,从旧自我中寻找培育新自我的资源,才能做出自己的选择。

典型的探索方向有三种：在旧场景中培育新能力，拓展旧能力的新应用，以及在旧场景中扮演新角色。

方向一：在旧场景中培育新能力

我有一位读者L，他被老板派去做新业务，同时开始带团队。他本来就对新业务不熟悉，加上没有带团队的经验，总是怀疑自己没有能力胜任这个工作。他每天都想辞职，甚至得了焦虑症。

幸亏他的老板人很不错。老板让他休养一段时间，并告诉他："这不是你的问题，而是很多新人管理者都会遇到的问题。"于是，他给了自己半年时间作为容器，如果半年后业务和团队都没有起色，那他就辞职。

在这半年里，老板给了他很多指点，他也沉下心来学习怎么带团队，终于慢慢站稳了脚跟。我见到他的时候，他已经习惯了作为管理者的新自我。

你看，L的转变是从员工变成管理者。但是，他面对的场景并没有变，仍然是原来的公司。他的探索方向就是在旧场景中培育新能力，从而孕育管理者这个新自我。

如果你面临的转变难题通过发展一种新的技能就能解决，那就给自己一段时间去发展。如果你面临的转变难题通过适应新的角色和位置就能解决，那就给自己一段时间去适应。重要的是保持耐心。无论新技能的发展还是新角色的适应，都需要你积攒新的经验。

方向二：拓展旧能力的新应用

如果你想要的新自我和旧自我之间并没有联系，那你就需要想象：如何拓展自己原有的能力，让它变成新自我的资源。

现有的角色常常会限制我们对自身能力的认知，以为它只能应用到眼前的场景中。但如果发挥创造力，你就会发现，你拥有的能力的应用范围远比想象中更广。只不过，你需要从新的场景中积累经验。

我认识一名建筑设计师，他很喜欢心理学，一直希望转型做心理咨询师，为此参加了很多心理学的培训。我问起他想当心理咨询师的原因，他说："我被心理学疗愈过，希望自己也能去疗愈别人。"

我告诉他："如果要当心理咨询师，你需要接受很多训练，这对当下的你来说并不现实。可如果你的目标是疗愈他人，那你现在就能做一些事。你是学设计的，设计本身也可以产生疗愈的作用。"

于是，他把自己获得疗愈的某些经验变成了设计理念，做了很多室内的小摆件。那些具有心理学意味的小摆件，受到了很多人的喜欢。

你看，设计是他的旧能力，却在心理疗愈领域找到了新应用，而这种新应用帮他探索了新自我。

也许你会问：我的旧能力怎么能探索到新自我呢？

这里有一个诀窍，就是把你的能力用一种抽象的形式说出来。越是抽象的东西，它的延伸性就越大，可能性就越广。如果你是一个HR（人力专员），你具备的就是跟人打交道的能力，这种能力就可以迁移到任何跟人打交道的工作上。如果你是一个设计师，你具备的就是通过作品与人对话的能力，那任何你想表达的东西都可以用于这种对话。当你能够拓展旧能力的新应用时，新自我就多了很多可能和空间。

方向三：在旧场景中扮演新角色

能够成为新自我的资源的，不只是旧自我的能力，还有我们熟悉的场景。如果我们能在熟悉的场景中安排一个新角色，让这个新角色更靠近新自我，那这个新角色本身也可以变成一种可靠的容器。

我有一个朋友叫阿宏，他多年来都在负责一个训练营课程的设计，做得还不错。前段时间他见到我，说："人到中年，就会开始思考自己人生的意义是什么。"有一次他去参加了一个工作坊，做了关于"我想要"的自我探索。他发现自己真正想要的是去帮助人，只不过以前他一直误以为只有外在的事业成功后，才能做这件事。因为总觉得自己还不够成功，他就把这个"我想要"给压抑下去了。而现在，他想做一名企业教练。

企业教练和课程设计是完全不一样的工作，那怎么办呢？阿宏就在设计课程的时候给自己安排了一个类似教练的角色，一方面可以练习自己的教练技术，另一方面能深入了解学员的问题。最开始学员对这个角色的设置有一些疑问，可因为他是课程的设计者，他会尽量在课程逻辑上让这个角色显得合理一些。慢慢地，学员接受了这样一个教练角色的存在。时间久了，甚至有些学员询问能否找他单独咨询。

阿宏的做法就是把旧场景当作容器，自己在旧场景中扮演一个新角色，慢慢把新自我孕育出来。

你有没有发现，这三个探索方向其实有一个共通点，那就是把旧自我变成新自我的养料。就像胎儿会从母亲身上吸取养分，新自我的探索也需要用到旧自我的资源。把有用的、你自己欣赏的、想要保留的旧自我嫁接到新自我上，你就会发现一个可能的探索方向。

如果你把握住这个共通点，你还会发现，探索的方向远远不止这三个。随着你在容器中积攒的新经验越来越多，新的自我越来越成熟，变化就会逐渐发生。

10 如何在容器中"苟下去"

✳ ✳ ✳

虽然转变常常始于结束和离开，但是，结束和离开并不是转变唯一的结局。有时候，在合适的时机到来之前，我们需要好好"苟着"。尤其是在当下，外界变动越多，稳定的工作和关系就越成为一种稀缺品。

容器要求我们，为了培育新的可能性，不要马上做出决定，甚至要"苟着"。可是我知道，有时候，"苟下去"比离开还要难。比如，如果你正做着一份又"卷"又没意义的工作，虽然厌倦了苛刻的老板、难缠的同事，却又需要这份工作，你该如何克制自己想离开的冲动呢？让我用三位学员的故事告诉你答案。

第一位学员 S 是很资深的 HR，她在这行耕耘多年，积累了很多经验。可是慢慢地，她厌倦了这份工作，想转行做教练。从想法到行动的距离是漫长而曲折的。一边要放弃高薪的工作、多年的行业积累，另一边还要面对当教练起步时客源、收入的不稳定，这让她很犹豫。

她知道自己需要一个容器来培育新自我，打算先积累几年教练的经验,再彻底转行。接下来,问题就从是否要转行变成这几年过渡期她要如何在HR的工作中"苟下去"。

有一个工作以外的目标,是好事,也是坏事。好事是,它会带来希望,让你觉得人生还有盼头;坏事是,它在不断提醒你,你现在并没有做自己想做的事,这会让你更难忍受眼下的工作和生活。

我问S工作中最难忍受的是什么,她说是裁员。以前她并不讨厌HR的工作,因为工作中有很多可以帮助员工成长的部分。可是随着外部环境的变化,公司变得越来越"卷",很多员工都被"优化"了。她不仅见识了组织冷酷的一面,还不得不代表组织去执行这冷酷的决定。她说:"也许有一天,我自己也会变成被'优化'的对象。可是,这并不是我最在意的地方。我最在意的是,当我不得不冷酷对待同事时,那个我不是我自己,至少不是我喜欢的自己。"

她喜欢帮助人,喜欢对人抱有善意,希望看到别人的成长。这就是她想转行做教练的原因。

如果只是从转行的角度看,她面临的难题是两份职业之间的选择;但如果从自我的角度看,她选择的是两个不同的自我:一个是代表组织的、职业化的、冷酷的自我,一个是温情的、想给他人提供更多帮助的、充满善意的自我。

看起来,HR的工作压抑了她的后一个自我,让她找不到自己。但那个温情的、善意的自我,真的只有靠换工作才能找到吗？她有没有办法在不换工作的情况下，为那个自我创造一些空间呢？

当问题变了，解题思路也会打开。S想了很多可以帮助员工的场景，却因为之前太过局限于是否辞职，那些场景都被淹没了。

她说："也许在裁员的时候，我可以表达一些个人的关心，哪怕改变不了事情本身，也会有些许帮助。"

"对，"我说，"就算这对那些被裁的人没有帮助，对你也有帮助。这会帮助你重新跟那个温情的、助人的自我产生联结。你没有办法，也不需要完全变成那个自我，你只要跟她有联结，感觉到她的存在，就会好很多。"

转变的目的，是让我们成为想要成为的自己。可是别忘了，那个理想中的自己一直都在，它就是你的一部分。如果没有办法在短期内转换工作、环境和关系，那就想一想，你在现有的工作、环境、关系中，被压抑的自我是什么？你想要通过转变实现的自我是什么样的？再想想，有没有可能在现有的条件下为那个自我创造一些空间出来？

这样，你才能真的利用容器来为那个自我创造可能性。

第二位学员小玲也碰到了职场问题：她的老板十分苛刻。在她还是基层员工的时候，老板对她很好，很欣赏她。可是，当她晋升到一个离老板更近的位置时，一切就变了，老板再没给过她好脸色。她做什么都不能让老板满意，老板每个月都会当着团队成员的面表达对她的失望和愤怒。

直到不堪忍受时，她才忽然想起来，这个位置的前一任同事就是因为忍受不了老板的脾气才离职的，再前一任也是。好像处于这个位置的角色注定会承载老板的情绪，变成老板的"情绪垃圾桶"。

可是这样的认识并没有帮她解脱。她说："我不知道该怎么做，好像做什么都是错的。稍微想为自己辩解几句，老板就说'我不要听，我不要听'。我不停反省，可就是没办法让老板满意。"

虽然小玲想过离职，可因为有自己的规划，至少这两年，她还需要这份工作。

我问她："老板总是把你当情绪垃圾桶，你觉得是你的原因，还是你所处的这个位置的原因？"

她想了想说："是这个位置的原因。我知道，好几任了，每个处于这个位置的人都会变成老板发泄压力和情绪的对象，最后另寻出路。"

我说："如果是这样，那你就没有理由怀疑自己。"我顿了顿，接着说，"如果你真的做什么都是错的，那你做什么也都是对的。因为没有差别。"

她点点头，问我："那我该怎么做呢？"

我说："你首先要知道，老板觉得你做什么都是错的，是因为你正在扮演这样一个角色。你做什么都是错的，恰好说明你演对了；相反，如果你做对了事，恰好说明你演错了。"

她苦笑起来："可是，这个角色真的很难演。"

"是的。但无论多难，你就把自己当一个演员。有时候，也许是出于养家糊口的需要，也许是出于积累演艺经验的需要，演员会接一些自己不想演的反面角色。可无论演什么，演员都很清楚，**他们不会把角色当成自己**。如果你能把自己当一个演员，也许你也会这样做。"

这个说法为小玲在现实的困境中找到了一条小小的出路。后来，我们又讨论了许多。比如，当她因为老板的情绪受伤时，她拿的是什么样的剧本；当她能够不把老板当回事时，她拿的又是什么样的剧本。剧本和演员的概念，拓展了她的自我的可能性。

最后她说："谢谢陈老师，我去编写我的新剧本了。"

她也许没意识到，当她接受演员这个设定的时候，她已经改变了自己的角色：从无奈、受气、自我怀疑的员工变成接了一部难演的戏的演员。她想把这个难演的角色演好。

有时候，**把自己当作接了反面角色的演员，理解那个角色，而不是一味将责任归咎于自身，也能让我们更容易"苟下去"**。

第三位学员叫张绮，她已经成家，有了孩子，还有一份稳定的工作，但她毅然选择辞职去读博。不过，读博的过程并非她想象中那样顺利、美好。因为总被导师打击，她开始怀疑自己没才华，觉得研究内容不是自己感兴趣的，也没什么意义。究竟该继续还是退学，这个问题困扰了她两年。

我们用所有的勇气下了转变的决心，换来的却不是自己想象的生活，这种打击是巨大的。令人沮丧的是，这是转变过程中经常发生的事。

好在，她在我的训练营里找到了答案。

她说："经过两个月的学习，我不会再把读博看成实现人生价值的唯一途径。读博很重要，但是现在它的意义变了。它不是我想要的转变，而是我实现转变的一个容器。

"它是一个时间的容器。我还有两年时间来打磨我自己。

"它是一个事件的容器。在这件事进行的过程中，我要去习得很多科研技能，习得很多我以前没有的技能。

"它也是一个关系的容器。我要学会处理跟导师的关系、跟同门的关系、跟家庭的关系、跟孩子的关系、跟伴侣的关系。

"我觉得这简直是一个完美得不能再完美的容器。在这个过程中，我学会了接纳，接纳所有好的、不好的。就算我还是会情绪反复，想缩回原来的壳里，我也会坦然接纳。

"我的眼睛里很久没有色彩了。今天我从学校往家走的时候，第一次感觉到，原来红色是如此耀眼的颜色，绿色是那么让人舒服。"

色彩感是她找到答案以后，生命重新生动起来的标志。听了她的话，我很感动。

很多时候，我们会处在一个艰难的阶段：眼前的生活和工作并不是我们想要的，但改变的时机还没来。这时候，我们需要赋予它们新的意义。

意义可以是高远的，也可以是世俗的。就像读博可以是为了学术理想，也可以是为了一张文凭；工作可以是为了事业，也可以是为了挣一份钱。

重要的不是我们在哪里，而是我们要借着忍受现在，去哪里。

当我们有想要去往的地方时，难以忍受的现在就变成了容器，一个帮我们更好地"苟下去"的容器。

● 转变工具：时间容器、事件容器、关系容器

容器是转变过程中新旧自我共存的一站。你可以通过一段时间、一段关系、一个空间等，刻意打造一个用于培育新自我的环境——容器。

任务

如果你正在孕育新自我，请为自己设计一个容器。

提示

你可以从以下三个方面入手。

1. 时间容器：你给自己多长的尝试时间？在这段时间里，你可以做哪些探索新自我的尝试？

2. 事件容器：你现在所做的事有哪些延伸的可能性，能够帮你探索新自我？你可以在熟悉的事情里扮演什么新角色，来帮你探索新自我？

3. 关系容器：谁会包容你的探索？谁会欢迎你的新自我？你可以刻意寻找一些新的关系、新的圈子。

用法

以上三个方面，至少选择一个做尝试。

第四站
契机:迎来分水岭

11 决定的时刻何时到来

有时候,情境触发了保护性价值观,我们就会做出选择来捍卫那个核心的自我。有时候,新旧自我再也无法共存,容器破裂,我们也会做出自己的选择。这种决定性的时刻常常伴随着偶然、混乱和动荡,而这就是转变的第四站——契机。

什么是契机呢?

有时候我们误以为只要在容器里探索,就会按照计划,完成新旧自我的分离,但这是极少数情况。大部分时候,是突然发生的一件事——无论源自外界的变化,还是你自己的选择——让矛盾加剧,令新旧自我再也无法共存。

我曾去过一个水浒纪念馆。那里有个仪式,一张长条桌上放了一些碗,你可以像梁山好汉一样把碗里的酒一饮而尽,然后把碗摔得粉碎。

这个仪式的意义是什么？它既代表一种决心，也代表一种冲动，更是一种隐喻：就像摔碎的杯子再也不能复原，我们的生活也回不去了。从此以后，我们不再是原来的自己了。就像阿根廷文豪博尔赫斯所说："任何命运，无论如何漫长复杂，实际上都只是一个瞬间：一个人大彻大悟自己究竟是谁的瞬间。"

这个瞬间到来时，我们会摔碎生活的酒杯，并意识到自己是谁。从此以后，无论愿不愿意，我们都开始进入新的阶段。

这个决定性的瞬间就是契机。

生活中一般的变化只是自我局部的变化，并不会改变基本的自我，而契机改变的是维持自我这个系统的关键要素，比如工作、身份、核心角色、重要目标、重要关系，等等。因为契机，维持旧自我的系统坍塌了，这会逼着你把新自我长出来。

契机的出现常常伴随着疾风骤雨，给人带来很多迷惑。有时候，我们需要经历整个转变过程，站在新自我的土壤上回头看，才能理解契机的意义。契机是反常的，身在其中的时候，我们很难真的理解它。

契机反常在哪里呢？我们可以从契机的三个特征来理解。

特征一：契机会加剧矛盾

我们日常做事的逻辑是发现问题再解决问题，是修补关系、化解矛盾，是防微杜渐、避免问题扩大。但契机完全不同，它通过把小问题变成大问题，把小矛盾变成大冲突，把一件再平常不过的小事变得不可收拾，来推动新旧自我完成分离。

还记得我在介绍保护性价值观时举过的例子吗？婚后跟公公婆婆住在一起、习惯息事宁人的郝婷用自己的隐忍维持着家庭的平衡，做别人眼里的好妻子、好儿媳、好妈妈，可她感到越来越压抑。直到一个小冲突发生，她因为不肯低头而最终离开了这个家庭。

我问她："你最后一次跟公婆吵架究竟是为了什么？"她说："我完全不记得了，只记得那时候的委屈。"就是这么一件当事人都记不清的小事，成为她转变的契机、人生的分水岭。

郝婷的例子并非偶然。很多人的转变都有那么一点点"借题发挥"。有时候，他们坚持的事情之小，与其所引发的后果及为此付出的代价之大，形成了鲜明的对比。可是如果你知道他们坚持的绝不是表面上的那件小事，而是背后酝酿了很久的新自我，你就不会太惊讶。

我有一位设计师朋友晓琦，她在一家小公司工作。老板总是会对她的设计提意见，哪怕那些意见跟她自身的审美不符，她也会用"我只是打工挣钱而已，老板是发工资的人，应该听他的"来劝说自己，然后对老板言听计从。

可是，在一次设计稿的讨论会上，老板提了一个很小的意见，她却坚持不肯改动一丝细节。同事都劝她没必要这样，她就是不为所动。最后老板生气了："如果你坚持不听，那就别在这儿干了！"她当场就说："好，那我辞职！"然后离开了这家公司。

很多人以为，她是不是早就想好了要辞职，才借题发挥？其实不是。在这件事发生的前一天，她还在想着下个月的工作计划，想着拿了年终奖去哪里玩。提离职对她自己来说都是个新奇的经验。可是在冲突产生后，那些一直被压抑的、觉得自己不被尊重的委屈，还有已经藏了很久的想要离开的念头，迅速浮现在她的脑海中，引发了不可遏制的冲动。她这才发现，辞职的念头早就存在了，只是她从来没有认真对待过它。

这是很多人人生中的英勇时刻，他们通过在一些小事上的反抗，与原有的生活决裂。而正是在这种决裂中，他们发现了那个一直被隐藏着的自我，跟保护性价值观紧密相连的自我。

特征二：契机是非理性的

很多人以为，转变是一个按部就班的过程。我们给自己设置好容器去探索新自我，等到时机成熟，根据自己的"我想要"，就能做出理性的选择。但真实的转变过程常常并非如此。

如果从理性的角度考量，就算要离婚，郝婷也可以跟老公深入地谈一谈，好聚好散；就算要离开公司，晓琦也可以用不那么极端的方式提离职。可是，她们需要靠这种冲动和不理性，来获得离开的力量。

我是在鼓励人冲动吗？不是。契机中的"冲动"和我们平时所说的"冲动"并不相同。后者是指我们控制不住自己的情绪。**但契机中的冲动是转变的一部分，是积蓄的力量忽然爆发，推动**

新旧自我分离。要知道，这种分离是很艰难的，如果不是不顾一切的冲动，我们很难有力量去完成。有时候，那些平时看起来最理性、最柔弱、最能控制情绪的人，反而会在契机出现的时候做出令人惊讶的举动。

你如果仔细审视就会发现，任何一个看似冲动的行为背后，都有一个酝酿多时的念头，只是以前我们总是用"它不成熟""它太难了""我没想清楚""时机未到"来拦着它。可是身处转变之中，我们本就很难看清自己的想法，不是吗？通常的情况是，这些"我想要"已经变成心里的种子，在契机发生时，你一边凭借"冲动"让种子破土而出，一边整理"我想要"，并探索它可能的出路。

这和理性的选择完全不同。如果说理性是维持稳定，那冲动就是让改变发生。偶然的冲动背后，有新旧自我更替的必然。

特征三：契机是新旧自我矛盾的必然结果

这就好比十月怀胎。我们都知道，孩子必然会在某个时刻出生。可是当孩子真的诞生时，混乱程度之剧烈仍会让这件事看起来像是偶然。新自我的诞生也是如此。更何况，它还不像十月怀胎有明确的时间表，我们甚至都不知道这个新自我会不会诞生。

正因为契机看起来像偶然和意外，它发生的时候才会让我们感到恐慌。契机把我们带到了一个新的、陌生的世界。我们还不知道要面对的是什么，就发现自己已经跨过了门槛，再也不能回头。

这会引发我们的恐慌，我们总以为，契机来临时，新自我应该足够成熟、可以独自面对世界了，怎么会什么都没准备好，就要面对那么多不确定了呢？

其实，你永远不会准备好。婴儿诞生，变成独立的个体，他准备好了吗？他只是准备好了脱离母体。可对于新世界，他仍然只是一个婴儿，离真正的成熟还有很长的路要走。新自我的诞生也是如此。你只能带着这种慌乱和不成熟进入陌生的新世界，重新寻找自我。

12 如何利用契机发现自我

✳ ✳ ✳

如果日常是漫长无边的黑夜,契机就是划过夜空的一道闪电,它会同时发生在现实层面和心理层面。在现实层面,契机是一件偶发的事情,帮助你完成新旧自我的脱离;在心理层面,契机是一个启发,帮助你发现新的自我。

有时候,契机会让我们面对自身的弱点。这个弱点是旧自我的重要组成部分,我们甚至还借由它获得过成功,所以我们往往不想改变它。

我读初高中的时候,报纸、杂志上长篇累牍都是关于吴士宏老师的励志故事。她曾是微软中国区前总经理,2001年、2002年连续两年被《财富》杂志评为"全球五十位最具影响力的商业女性"。她的《逆风飞飏》[①]是当时的畅销书。

后来,她就从大众视野里消失了。我再一次听到她,是因为

---

① 吴士宏:《逆风飞飏》,光明日报出版社1999年版。

她的新书《越过山丘》[①]。她在这本书开篇就讲了自己如何陷入重度抑郁，又如何通过教练技术把自己拽出低谷，我这才知道她经历了一段漫长的低谷期。从微软离开后，她去国企做职业经理人，遭遇了互联网泡沫的破灭；后来创业失败，欠下巨款，光环褪去，英雄走下神坛。这段经历让吴老师陷入了长期的抑郁，她甚至多次想过用死亡来获得解脱。

直到契机来临，一次偶然的机会，她误入一个学习教练技术的课堂。教练问了她两个问题，第一个是"你取得今日的成就/成绩，内心最重要的那个因素是什么"，第二个是"你觉得可能阻碍你最大程度地实现自身潜力的自身因素是什么"。

这两个问题进入了吴老师的内心。她一个人在房间里思考良久，直到答案慢慢浮现：害怕失败。

对这一段经历，吴老师在《越过山丘》中有详细的描述，如果你感兴趣，可以读读看。她的描述，很像一个苦修武功的人终于破障，仰天长啸：原来把我限制住的、让我痛苦的东西，不过如此。

为什么需要这样的契机才能让她意识到，她一直以来的障碍是"害怕失败"？为什么她要经历这么多困难才能看清它？

我跟吴老师聊过这个问题。她告诉我，她出身不高，以往的所有成就都是靠着不服输的精神拼搏来的，这是她引以为傲的自

[①] 吴士宏：《越过山丘：打破人生与事业的迷障》，江苏凤凰文艺出版社2022年版。

我。在用这种不服输的精神取得成就以后,她就更不能接受自己不行了。当意想不到的失败来临,她还要不停证明自己不会败,这让她走进了一条死胡同。原来的成就变成了负担,原来的优点变成了弱点。

她害怕面对失败,害怕承认那个属于她的荣耀时代已经过去。直到意识到自己原来这么害怕失败的那一刻,她才发现了一个新的自我,一个会失败、软弱的自我。她接纳了这个新自我。正是这份接纳,让她放下了长久以来的负担。自那以后,那个永远成功、永远光鲜的"打工女皇"不见了,留下的是一个更真实的吴老师。借由这个契机,她开始了重新寻找自我的旅程。

有时候,契机会帮我们发现内心真正的"我想要"。而追求这个"我想要",需要我们付出巨大的艰辛和代价,所以我们一直逃避。

看清自己的梦想有时候是一种折磨,因为你会在现实里担惊受怕,要承担很多的焦虑和不确定。可是它又会提供一种意义感,指出你要努力投入的生活在哪里。

我有一位朋友果果,现在在国外的一所名校读心理学。其实,她早就想学心理咨询,但当年在机缘巧合之下,学了认知神经科学。她是一个很会自我调整的人,劝说自己既来之则安之,心理咨询不好就业,也许认知神经科学反而是更好的选择。所以她顺利完成学业,进入国内一家互联网"大厂"工作。

有时候，一个错误的选择需要兜兜转转走很多弯路才能补救。这种兜兜转转不仅是职业生涯上的，还有自我认知上的。入职的时候，果果告诉自己：无论如何，我要干满两年，再考虑其他。可是，过快的工作节奏给了她很大的压力和挑战，她开始变得焦虑，每次上班之前都要给自己鼓很长时间的劲。与此同时，那个遥远的心理咨询的梦想变得越来越强烈。她又劝说自己：我不能因为痛苦就逃避，有痛苦才会有成长。

为了缓解内心的冲突，她给自己设计了一个容器：业余时间学习心理咨询的相关知识，为将来的探索做准备。可是工作太忙了，她根本没有多余的时间。

契机是怎么出现的呢？这家"大厂"的组织后来发生了很大的变动，果果没日没夜拼搏的项目忽然被中止，一些共事的伙伴被约谈辞退。她忽然发现，自己努力的事情其实并没有坚实的意义。在那一刻，她一下子想通了：无论选择坚持还是离职，都不代表我是一个什么样的人，我不需要用坚持在这里痛苦地工作来证明自己是足够好的人。

接下来，很多事都逐渐清晰起来。她回想起自己想学心理学的初心是想成为一个助人者。早在读大学之前，甚至在更遥远的童年，她就有这样的想法了。因此，追求心理学的梦想不是对现实工作的逃避，那就是她一直想做的事。

意识到这些之后，她再也没办法把这个梦想放下，她再也不能劝说自己随便找份工作。她开始了漫长的寻找新自我的旅程。

为什么最开始果果看不到这个梦想？因为这个梦想意味着与常规生活脱离，意味着一系列的麻烦和不确定。现在，她开始直面它了。

有时候，契机还会帮我们看到"我"之所以存在的根基。

比如，婚姻破裂是一种艰难的转变。很多时候，这不仅牵扯到家庭，还牵扯到孩子——让孩子受到伤害是所有父母最不愿意面对的情况。可是，如果两个人就是没有感情了，继续维持婚姻只会痛苦不堪，该怎么办呢？

我曾接待过一位张女士，从结婚第一天开始，她就觉得这段婚姻是错误的。在这段婚姻里，她始终很孤独。可是周围人都劝她："你已经不年轻了，别再折腾了，就凑合过吧。"最后她都开始怀疑自己的感觉是不是没有道理。

渐渐地，她在家里说不出话来，甚至连愤怒都消失了，想离开的念头变得越来越强烈。可是她还有女儿，一想到女儿会失去完整的家，她就心如刀绞，没法做出选择。直到她整个人失去了生气，去医院检查，医生说她有严重的抑郁症。

没想到，抑郁症竟成了转变的契机。她凭着仅有的力气从家里搬了出去。

我对她说："这就好像如果你要承担起作为妈妈的责任，就必须否定你自己的感觉。"

她说："不是否定我的感觉，而是否定我作为人的整个存在。

如果这样,我整个人就不存在了。

"这几乎是我用生命做的决定。我跟自己说,既然没有人爱你,就让你自己来爱你自己。既然没有人理解你,从今以后,就让你自己来理解你自己。"

可张女士最在意的还是女儿。想起女儿,她还是很痛心。

她说:"我想给女儿一个温暖、健全的家,比谁都想,我愿意为她做任何事。如果我能,我想承担对她的责任。可是,我不能。难道非得杀死我自己,才能成全她吗?"

我被她的话震撼了:"你当然不能这样做,你也做不到。你得先有你自己,才有这个家,才有这份责任。如果连你自己都不存在了,又哪儿来的家呢?"

抑郁症这个契机让张女士意识到,就算有再多的顾虑,她也没法否认自己的感受,这是她存在的根基。为了保留这个根基,她不得不舍弃一些重要的东西。从此,她要面对新的问题:如何妥善处理离婚,把这件事对女儿的伤害降到最低?这个问题相比于如何在一段无望的婚姻中坚持,也许更值得被解答。

你可能听说过俄狄浦斯的故事。俄狄浦斯出生时,神预言他将会杀死自己的父亲并与自己的母亲结婚。他的父亲,也就是当时的国王听了预言后很害怕,命令士兵将他扔到野外。结果,俄狄浦斯被一个牧羊人救下。几经辗转,长大的俄狄浦斯回到了他出生的城市,在不知情的情况下杀死国王、继承王位,并迎娶了王后，也就是他的母亲。

罗洛·梅在《祈望神话》①里讲了这个故事。俄狄浦斯成为国王后，城邦不断地遭受瘟疫。神谕告诉他，只有找到杀死先王的凶手，瘟疫才能停止。俄狄浦斯唤来了盲人先知。先知告诉他："不要再去寻找真相了，知晓可怕的真相对任何人都没有好处，最好让人慢慢地把它遗忘。"

他的王后，也就是他的母亲，也不停地劝说他："如果你还关心自己的性命，就不要再追问。"

可是俄狄浦斯坚持要查出真相、找到凶手，直到幼年抚养他的牧羊人告诉俄狄浦斯，凶手就是他自己。也许是不想直面真相，那一刻，他大叫一声，刺瞎了自己的双眼。然后他离开城邦，开始了自我放逐的旅程。

罗洛·梅借用这个神话，探讨了一个重要的主题：人得有多大的勇气才能去追寻真实的自己？自我欺骗是容易的，可是，面对残酷的命运和生活在自我欺骗中，究竟哪一个更可怕？

好在俄狄浦斯在自我放逐中放下了内心的痛楚。在晚年重回城邦后，他说："我做的这些事并不是罪过，因为我并非有意为之。但我愿意为它负责。"

这些当然不是罪过，只是命运的无常，而他选择接受命运的无常。原来站在他对立面的神也重新站到了他这边。最终，他带

---

① [美]罗洛·梅：《祈望神话》，王辉等译，中国人民大学出版社2012年版。

着豁达和智慧,平和地离开了人世。

有时候,契机会让我们踏上危险的追寻自我的旅程。但这种危险并不能阻挡有勇气的人去看见自己,于是,旅程的艰辛变成了智慧,伤痕变成了勋章。

13 不做选择，也是一种选择

✳ ✳ ✳

无论是否是我的本意，我都得承认，这本书写到这里，可能会给你一个印象：转变是好的，不转变则可能不够好。同时，我有点担心，万一你读了这本书，做了什么冲动的决定，把你害了，我可赔不起。所以，在这里，我想往回找补一点。我想告诉你，并不是所有契机都以脱离为最终的结果。有一些契机会让我们放弃幻想，变得更愿意接纳现实，这也是好的转变。

我有一个朋友大港，他是一家互联网"大厂"的元老。虽然在"大厂"多年，创造了足够多的财富，但他多少心生厌倦，想尝试新的生活。他喜欢农业，想把农业和心理疗愈结合起来，做一个有疗愈效果的有机农庄——这是他为自己设计的容器。为此，他考察场地、找专家咨询，忙了很久。他一直告诉自己，这是他真正想走的道路。

当他鼓起勇气做最终的决定——在公司的系统里提交离职申请时，网页上跳出了一个醒目的弹窗，提醒他："这是一件很郑重的事情，一旦提交将无法撤回。你是否已经考虑清楚？"

那一刻，他忽然发现，自己没有勇气点"是"的按钮。他一个人到园区里走了一下午,不停地走。这个园区是在他工作后从无到有建立起来的,他熟悉其中的一草一木。他不停问自己:"我真的要离开这个我奋斗过的地方吗?"一直走到天黑,园区的灯亮起来,他回到办公室,默默地关闭了那个申请离职的窗口。

现在,已经过去好几年了,他还在那里工作。回顾这件事,他说:"现在我不再想离职这件事了。逼近离开的那一刻,我才发现这个工作对我意味着太多。现在我还想待在这里。当然以后也许还会有变化,那就等到以后再说。"

我理解他,离开是一件很令人纠结的事。每次有人告诉我他离职了,我都会恭喜他即将开始新的未来。每次有人告诉我他决定不离职了,我也会恭喜他,恭喜他看清自己内心。

看清自己内心是一件很不容易的事。有时候,人需要去面对不可回头的抉择,才能发现自己真正想要的是什么。

我有一位来访者名叫张静,事业单位稳定的工作令她感到无聊,她一直渴望有更多的成长和改变,便一直积极在外面找机会。后来,有一家创业公司很看重她。她总算迈出了改变的第一步,打算先加入那家创业公司,上几天班看看。可是只去了一天,她就发现创业公司办公地方小、同事素质参差不齐,跟原来的单位没法比。在那个办公室,她感受到巨大的不适应,甚至出现想要呕吐的身体反应。第二天她就辞职,回到了原来的单位。

本来这也是一个契机,帮助她发现更好的选择。可是回到原来的单位以后，她开始责怪自己没有勇气，不敢真正去转变。

我跟她说："人不需要强迫自己转变。能在稳定有序的环境中生活是一种幸运。你既然拥有这种幸运，当然可以享受岁月静好。你完全可以在其他地方找到成长的空间。"

她问我："那这跟因为害怕而逃避转变有什么区别呢？"

我说："如果诚实一点，这可能确实是因为害怕逃避转变。可是那又怎样？我们不止害怕转变，还害怕任何不确定的、有危险的东西。害怕不是谴责自己的理由，更不是说你的决定不对。重要的是，你需要把自己从矛盾和纠结中解脱出来。"

也许我这样说是在安慰她，但我确实觉得，转变不能变成另一种"应该"。否则，这本书的内容也会变成外在的标准，从而淹没你自己内心的声音。如果是这样，那转变并没有真的发生。

从外在的标准切换到你的内心，才是转变真正要走的路。

很多追求成长的人都有一种害怕停滞的焦虑，担心自己的人生不过如此。所以转变对他们来说，也变成了某种"应该"，哪怕契机还没有成熟。

但转变是一种自发的冲动，而不是一种强迫的应该。接纳现实，也可以是一种好的转变。不做选择，也是一种选择。

曾有一位女士问我："我跟先生过得不好，生活索然无味，像是两个人搭伙过日子。可是我们有孩子，想要靠近很难，想要分开也很难，我该怎么选择呢？"

我问她:"你们尝试过改善这段关系吗?"

她说:"尝试过,没效果。现在已经不想做这种努力了。"

我又问:"那你们现在有什么特别的理由要分开吗?"

她想了想说:"好像也没有。这样的日子还是能过的。"

我说:"那不如先这样过吧。不做选择也是一种选择。等分开的契机到来,再看看会发生什么。"

为什么我说"不做选择也是一种选择"呢?这句话有时候像是一种警醒,告诉你:如果你不及时转变,事情会沿着现在的轨迹发展到无可挽回的地步,你现在不做选择,就是选择了将来那个无可挽回的结果。

但有时候,它也是一种智慧的提醒,告诉你:选择不是凭空产生的。很多时候,人并没有足够的力量为自己做艰难的选择。选择需要契机,需要积累足够的痛苦和冲动。既然选择这么难,现在又不是选择的最佳时机,那干脆就先不做选择。享受当下、顺其自然也是一种选择。

这背后其实是两种不同的自我观。

一些时候,不同的自我之间是相互替代的选择。当契机来临时,你不得不在新旧自我之间做选择。另一些时候,不同的自我会相互补充和拓展。这也是一种容器。就像斜杠青年,他们没有做选择,只是拓展和增加了新的自我。

拓展新自我意味着,你在不同的场景中表现出不同的自我,你用不同的自我应对不同的难题,你用不同的关系满足不同的自我。你不需要在不同的自我之间做选择，不需要选择了一个就必须舍弃另一个。你只需要管理它们、平衡它们。

要管理好这个由不同自我组成的团队当然有难处，你要不断容忍它们之间的矛盾和冲突，不断做出新的平衡。但如果你能管理好，或者这种矛盾和冲突并没有大到你不得不做出选择的地步，那不如先享受它。就算有一天会出现一个契机，把这种平衡打破，那就等那天到来再说。

也许你想知道，要怎么通过靠近那个决裂的时刻，来明白自己真正想要的是什么呢？难道也要提交一下离职申请吗？

在这里，我给你推荐一个思想实验。假设有两个不同的自我，各代表了一种选择，它们下面各有一个按钮，一旦你按下一个按钮，它所代表的自我就会消失。你会按哪个呢？

如果你选择保留原来的自我，那就告诉自己，时机没到，不如先享受当下。如果你决绝地选择了新的自我，那也恭喜你，你将要走上一条更难的道路，去面对未知。

本来，写到这里，这一阶段的内容就该结束了。但就像转变总是会有出乎意料的事发生，在我修订书稿时，这一阶段出现了一个新的结尾。

我在得到App开了一门关于"自我转变"的课程，用了大港的例子。有一天我收到了一条微信，是大港发来的。他说："陈老师，我听了你在'得到'的课。在课程里听到自己的例子，真是太神奇了。顺便说一声，我最后还是离职了。现在，我开了一家做正念疗愈的小店，欢迎有空来坐。"

我还是为他高兴。转变总是兜兜转转。原来他那一刻的决定也不是最终的决定，只是时机没有成熟。现在，它成熟了。

● 转变工具：欢迎信，迎接新自我

如果你已经完成了新旧自我的脱离，那么祝贺你，你将要走上一条新的道路。这条路并不会马上就有收获，你需要有心理准备。在出发之前，你可以用这个工具来欢迎新自我。

任务

请写一封给新自我的欢迎信。

提示

一个新自我就要来到这个世界了，请写一封信，表达你对它的欢迎。你可以告诉这个新自我：

1. 为了它的诞生，你做了哪些艰难的决定。
2. 写下你对它的想象，以及它的诞生对你的意义。
3. 你所处的这个世界是怎么样的。
4. 你愿意为它的顺利成长做哪些尝试。

现在，你已经走完了自我转变的第一阶段：响应召唤。

也许你的生活已经发生了一些变化，也许你对自我转变的旅程还有一些问题，无论你现在有何感受，都可以扫描左侧二维码，记录下来。

第二阶段
脱离旧自我

转变的旅程之所以艰难，是因为它包含很多的失去。这些失去总是比收获来得更早。转变中的人失去了重要的目标、身份或者关系；他沉浸在失落中，开始想念熟悉的部落；他失去了熟悉的群体的保护，没有人再为他指明方向；他站在充满不确定的黑森林面前。他还留恋着过去，却再也回不去；他已经没有路可以走，除了眼前这一条路；他已经没有人可以依靠，除了他自己。

这时，内在的力量开始苏醒。

第五站
失落：失去旧自我

14 如何摘下"目标的眼罩"

✳ ✳ ✳

脱离旧自我，往往令人感到失落，因为我们会经历很多失去。常见的失去有三类：失去旧目标，失去旧身份，失去旧关系。我先从"失去旧目标"讲起。

失去一个目标，对自我意味着什么？

目标连接着我们过去的经验，也寄托着我们对未来的期望。目标是组织生活的方式，也是意义感的来源。在追求目标的过程中，我们能体会到自己的力量和成就感，也能通过目标进程的反馈来认识世界。可以说，目标是自我的一部分，是正在形成却尚未兑现的自我。

因此，失去一个目标，意味着我们不可避免地失去了一个自我。

我有一位朋友M，他曾是一名很成功的创业者。他经营的公司在业界很有名。后来时也运也，创业功败垂成，这家公司被收购了，M就变成了一个财务自由的富豪。

这几年，他去环球旅行、拜访朋友、参加各种活动，过着很多人梦想的"退休生活"，可是他并不快乐。唯一让他感觉自在的，就是攒创业者的局，跟他们交流创业的经验。在局里，他还是创业者中的一员；可等局散了，他又不是了。

我一直在想，那次创业经历对他意味着什么？不是世俗意义上的成功或失败，而是他失去了一个机会，一个定义自己的机会。失去了这样的机会，他就很难让自己和别人明白他到底是谁，他就需要到另一个地方重新寻找自己。

为什么只是失去一个目标，就这么难走出来呢？

因为重要的目标会塑造我们，组织我们的生活和关系，让我们整个人都为追求这个目标而活。可以说，一个人的自我和他所追求的目标是匹配的。一旦失去了这个目标，对应的自我就会散掉。

不知道你有没有看过赛马比赛。为了让赛马跑得更快，骑手会在比赛前给每匹马戴上一种特别的眼罩。这种眼罩会遮挡住两侧的景象，让赛马只盯着眼前的赛道，心无旁骛。

眼罩的优点是聚焦，而它的缺点也是聚焦。这种聚焦，令成功和失败都与"自我"牢牢地焊在一起。

你为一个目标拼命地努力，就相当于给自己戴上了这样的眼罩。如果失去这个目标，你就会像刚刚结束比赛的赛马，仍然习惯性地盯着眼前的跑道，却不知道该往哪里去。

除非把眼罩摘下，否则，你很难发现目标以外的更大的世界。

其实，这个眼罩的比喻在心理学里有一个专业名词——"思维窄化"。它的意思是，如果把一个目标看得太重，我们就只能看到跟目标相关的东西，只想做跟目标相关的事，而看不到生活的其他部分。反过来，一旦失去这样的目标，我们就很难看到自己还拥有目标以外的东西，也很难相信自己有重建生活、重建自我的可能性，而是一味沉浸在失败中，失落又迷茫。

前几年有一部电影叫《心灵奇旅》，引起了很多人的共鸣。它讲的是一个叫乔伊的人一直想要登上更大的舞台，成为一名真正的爵士钢琴家。他很有才华，也为自己的音乐梦想付出了巨大的代价。可他要面对的现实是，人到中年，没有家庭，没有事业，只是在一所中学做兼职音乐老师，面对一帮对音乐完全没兴趣的学生。有一天，校长终于给乔伊带来了一个好消息：他可以转正了，从此有编制了。他却怎么也高兴不起来。这是为什么呢？

梦想是乔伊唯一拥有的东西，他把所有自我都寄托在这个梦想上。相较之下，现实不仅平庸，还令人失望。

接下来，故事出现了悲剧性的转折。他终于获得了一个梦寐以求的机会，可以登上一直渴望的舞台，却因为太高兴而不小心掉进窨井里，意外去世了。以这样的方式与梦想失之交臂当然令人不甘心，于是，他的灵魂偷渡回了人间。

乔伊重回人间的过程就是摘下梦想这个"眼罩"的过程。梦想依然奢侈，可是现在，生命本身变成了更为奢侈的东西。当他以新的眼光去看待世界时，他发现自己原来错过了这么多美好而重要的东西：比萨的香味、普通友好的人际关系、妈妈的爱……

以前，当他用梦想这个唯一的目标来定义生活时，他的生活被分成了两半：实现目标之前，生活中的一切都是平庸的，不值一提；实现目标之后，人生才有意义。有了这一次重回人间的经历，他忽然发现，自己原来一直都生活在富足之中——这种富足来自生命本身。就像一匹离开跑道的赛马，只有摘下眼罩，才会发现自己原来一直都有草原可去。

当然，这不意味着我们不应该追求目标，只不过，如果转变不可避免地来临，你失去了一直追求的重要目标，你要明白，这不是结束，你失去的也不是人生的全部。你要摘下一直戴着的目标"眼罩"，重新发现自己拥有的东西，重新理解自己、理解生活。

目标的失去常常会引发一个重要的人生课题——如何面对失败。

我曾读过一本小书，叫《有限与无限的游戏》[①]。书里说，人

[①] [美]詹姆斯·卡斯：《有限与无限的游戏》，马小悟、余倩译，电子工业出版社2019年版。

生有两种游戏：一种是有限游戏，它有明确的规则，也有明确的起点和终点，玩家的目标就是尽快结束游戏，让自己赢；另一种是无限游戏，它没有明确的胜负，也没有明确的起点和终点，玩家最重要的目标是让游戏继续下去。

其实，这两种游戏还揭示了定义自我的两种不同方式。

有限游戏用目标成败来定义自我，一个人要么是成功者、赢家，要么是失败者、输家。而无限游戏用追求目标的过程来定义自我，我们变成了"玩游戏的人"。这个自我，不会因为一时的成功或失败而改变。

应对目标失去的最好方式，就是更新对自我的定义：不要再用简单的成功或失败来定义自己，尤其不要用单个目标的成功或失败来定义自己。

你可以是追求梦想的人、不惧失败的人、接纳现实的人、正在转变中的人……摘下思维窄化的眼罩，你会发现自己身处更广阔的世界。你有很多可能性，这些可能性在等着你创造新的自我。这就是应对目标失去最好的办法。

15 如何应对"求不得"的痛苦

就算你已经知道,目标会以一种狭隘的方式定义自我,而接受目标失去的过程就是突破思维窄化、重新定义自我的过程,你很可能还是难以走出来,因为这背后有一种隐秘的痛苦——求不得。如果不能理解这种痛苦的本质,我们就很难接受目标的失去。

我曾有一位来访者叫小威。中学时期,他一直是很优秀的学生,父母和老师对他期许很高,觉得他一定能考上一所很好的大学,他自己也把考上某所名校当作重要的人生目标,一直为此努力。可是高考那一年他发挥失常,只去了一所普通的大学。

那次失利给他带来了极大的遗憾。从进入大学的第一天起,他就想通过考研去到自己一直向往的学校。为此,他整个大学生涯都在努力准备。可最终,他考研时成绩还是差了几分,没能成功。

再一次失利让他陷入了抑郁和自我怀疑。就像所有失去目标的人那样,他开始怀疑自己的能力,认为自己不会再拥有光明的前途。

抑郁了一段时间以后,他几乎是凭着本能找到了一份工作。

在那份工作中,他做得不错,老板也很赏识他。慢慢地,他开始有了新的目标。这个新目标不断激励他,帮他找到了新的自我。

回顾那段挣扎的时光,小威告诉我:"大学时,我就像在狭窄的管道里爬行,前面只有一点点微光。我觉得,只有抓住这一点点微光,才有生路。考研失利,我眼前的那一点点微光也灭了。我以为自己再也不会有希望。

"但是,在心理咨询的过程中,我逐渐意识到,也许我不需要爬行,这个限制我的管道并不存在,我可以站起来。工作并不是新的微光,它是我站起来的尝试。站起来,我才发现,原来有一个更大的世界在等着我。"

细心的你一定能看出来,这就是小威突破思维窄化的过程。

我问他还会不会为没能考上名校感到遗憾,他说:"我还是很遗憾的。平时工作时,我不太想这件事。可是在需要写简历、填写毕业院校,或者别人问我从哪里毕业时,我都会有一种习惯性的心虚和羞愧,就好像我身上有一块地方不够好,需要藏起来,不能被别人看见。"

他的话提醒了我,失去一个目标,不仅意味着原本投入的精力没能得到回报,还意味着我们受到了拒绝。后者跟身份和自我有关,也是令人痛苦的根源。

无论我们收到的是一封拒绝信、一张"坏"成绩单、一封不予录取的通知书,还是杳无音信的忽略,它们都会幻化成冷冰冰的面孔:"对不起,你配不上我们这个群体。这是聪明的、有钱的、有才华的人的俱乐部，你没有资格参加。"

这种拒绝会让你感到羞愧和痛苦，你觉得自己错了，错在追求自己配不上的东西。

当我们为这种拒绝感到痛苦时，其实我们内心已经接受了一种隐性评价：原来我是那么普通和平庸，平庸到不配加入这个群体。更让人难过的是，这个拒绝我们的群体正是我们一直向往的。

从这个角度思考，你就更能理解失去一个目标的痛苦有多么沉重。《心灵奇旅》里的乔伊已经有很高的爵士乐演奏水平，我的朋友 M 在创业上的才华和经验已经比大部分创业者都丰富，可是，失败让他们失去了一种认证。就好像你所景仰的群体拒绝给你颁发某个隐秘俱乐部的勋章，你需要更大的心力才能对抗贴在身上的那个隐形的标签——那些来自现实或想象中的、他人觉得"你不行"的目光。有时候连你自己都会忍不住想：是不是我真的不行？是不是那些成功的人真的比我强？

面对上述这种隐秘的、被拒绝的痛苦时，我们常常会有三种反应。

第一种是拒绝承认这个现实，也拒绝这种定义。我们也许会觉得"这有什么了不起的！"然后找很多理由来证明这个群体并没有比我们强多少。这是因为我们不想再接近痛苦，于是把自己放到这种标准的对立面，通过反抗来摆脱被拒绝的痛苦。对于这个群体，我们常常会从向往变得充满愤怒、不屑和敌意。

第二种是接受这个现实，也接受这种定义。这时候，我们很容易被羞愧感淹没，觉得自己失败了，是"不好"的人。于是，我们会害怕再做尝试，担心被别人笑话。其实，德韦克提出的僵固型思维①，就是一些人接受了"我不过如此"的设定，不想让别人知道"我在追求自己配不上的东西"，不愿多做尝试，因而失去了成长的机会。

第三种是接受这个现实，但是拒绝这个现实对自我的定义。我们可以接受在现有的评价体系下自己无法加入某个群体，但不能接受这个事实对自我的定义。失败只代表这件事没成功，不代表我们整个人不好。就算不属于这个群体，我们也会在别的地方重新找到自己的位置，一个有尊严的位置。

这个有尊严的位置，就是我们被假想的群体拒绝以后，重新定义自己的方式。它不需要某个群体的认证，只需要我们摆脱隐性的外在标签的束缚，重新出发。

我有一位学员是个音乐老师，她已经在学校里教了十几年音乐课。她既会美声，又会弹钢琴，唱起歌来，整个人都闪闪发光。她爱教师这份工作，很喜欢孩子，孩子也喜欢她。唯一美中不足的是，她没有编制，是一位代课老师。在学校里，代课老师就像"大厂"里的外包人员，虽然做的工作跟正式员工一样，有些甚至比正式员工做得更好，但缺少一个身份，会带来很多尴尬。

---

① [美] 卡罗尔·德韦克：《终身成长》，楚祎楠译，江西人民出版社2017年版。

有一次下课,她看到自己班里的一个学生和他爸爸在看教师布告栏,那里贴着有编制的老师的照片和介绍。那个爸爸好奇地问儿子:"你们老师为什么不在里面?"她听到后,羞愧地躲进了消防通道。

有时候,被问起做什么工作,她不知道该怎么介绍自己。说老师吧,好像是在冒充;说代课老师吧,她又不想跟别人解释那么多。

事实上,她尝试过很多次去考学校的编制。最开始因为学历不够,她就补学历。后来又要求有心理健康证,她就去考证。最近的一次,她终于通过了笔试,可面试还是没过,这给了她很大的打击。她的年龄已经大了,只剩最后一次机会,再通不过,她就没有考试的资格了。因为前面经历的失败太多,她有些退缩,就来问我怎么办。

她姓夏,我便叫她夏老师。她有些不好意思,让我叫她小夏就好。

我说:"**一个人是谁,应该由他所做的事情来定义**,而不是由他有没有编制来定义。你做的是老师的事,而且做得这么好,我当然应该称你为老师。"

这给了她一些鼓励,可她还是很犹豫要不要参加考试。她担心周围的人会笑话她,觉得她自不量力。

我跟她说:"如果只是害怕别人的目光,我觉得你应该去。因为你要面对的不只是编制的考试,同时是心理的考试。心理的考题是，无论外在的评价怎么定义你，你都有能力去争取自己想要的东西。编制的考试结果要由成绩来判定，可是心理的考试，只要你去参加，就通过了。"

其实，我不只想跟夏老师说这些话。如果你曾经或正在为自己的目标努力，你曾经或正在经历目标的失去，这也是我想跟你说的话。重要的不是你能不能做成，而是你要在别人的目光中重新找回定义自己的权力。你也在面临这样的考试：你究竟是由自己定义的，还是被别人的目光所定义？

有时候，失去目标会逼着你用一种新的方式来定义自己。你可以失去工作、失去关系，你可以没有头衔、没有编制，你可以失败，可以被一个你所看重的群体拒绝，但你仍然可以选择自己定义自己。

不要接受"失败者"的定义。无论你遭受多少挫折，无论评价你的群体有多强大、你有多向往。关于"你是谁"这件事，你才是你自己的定义者。

追求目标的时候，我们需要强化目标的价值，接受目标背后的评价体系，并告诉自己这个目标值得追求。但是，失去目标后，我们需要摆脱它的限制，重新找到定义自己的方式。失去某个固有目标，其实意味着我们可以摆脱目标带来的束缚感，摆脱目标导致的思维窄化，重新发现原来还有那么丰富的可能性。

不妨想一下，你现在或曾经拥有什么样的目标？在这个目标之外，你是谁？你又希望自己是谁？

16 如何面对失去身份后的"被放逐感"

✳ ✳ ✳

有时候，失去目标，意味着我们没有办法获得某个群体成员的身份。

有时候，我们本来就是某个令人羡慕的群体中的一员，有一个让人高看一眼的身份。可是出于或被动或主动的原因，我们失去或放弃了它。这同样会带来很大的失落感。

前段时间我和家人去青海旅游，包了一辆车。司机闲谈时问我："老板，你是做什么的？"我说："我自己做一个心理咨询工作室。"他淡淡地说："哦，工作室做起来不太容易吧！"显然，他并不理解我做的是什么。为了让自己的身份显得"高大上"一些，我几乎本能地脱口而出："还行，我原来在大学里工作，是大学老师。"司机一下子来了兴致："哦，你是知识分子啊！"我说："嗯，我原来在浙江大学工作过。""好厉害！"他的眼睛一下子亮了起来。

我跟这个司机并不认识，离开学校也已经很久了。其实，以我们的关系，并不需要知道彼此的身份。可是在那个谈话的瞬间，我几乎本能地用那个遥远的过去工作过的单位来给自己贴金。我好像觉得，那个招牌更优越，更有说服力，更容易让司机理解我是谁。

我很快觉察到，这是一个人对身份的虚荣。当然，我也很快原谅了自己的这种虚荣。因为它不是我一个人独有的，它几乎是人作为社会动物的本能。

身份是我们对优越地位的追求，它看起来很虚，却是自我实实在在的组成部分。它是我们和他人达成的关于"自己是谁"的共识。 因此，失去某种身份，不仅意味我们失去了一个优越的地位，还代表我们失去了一种共识。我们不知道别人会怎么看自己，也会困惑自己究竟是谁。

我接触过很多经历过身份转变的朋友。比如，原来是高校老师，后来去了企业工作；原来是法官，后来改行做了律师；原来是官员，后来下海经商；原来在"大厂"工作，后来加入小公司创业……他们或多或少都体验过失去身份的失落感。他们共同的感觉是：拥有这种身份的时候，并不觉得怎样；失去后才发现，原来那个身份是有光环的。以前别人高看他们，他们觉得理所当然，觉得对方高看的是自己；失去身份以后才发现，别人高看的是那个身份，而他们已经失去它了。现在，只剩下自己了。

如果说，失去目标引发的是一种被我们向往的群体拒绝的痛苦，那么，**失去身份引发的就是被放逐的痛苦**。

我有一个从体制内辞职的来访者说过："我辞职，成了单位里的新鲜事。很多人跟我说一些客气的话，恭喜啊，祝你有美好的前途，很佩服你的勇气，可以去追求自己的理想，等等。

"可是当他们跟我说这些时，我分明从他们的眼神里看出一些让我不舒服的东西。倒也不是幸灾乐祸，更像是在看一个异类。他们的眼神好像在说：你不属于这里了，我跟你是不同的人了。

"一些好心的同事刻意来跟我说话。他们没提辞职的事，装作什么也没发生。可是我从他们的表情中看到了一种尴尬：他们不知道该怎么看我，也不知道该跟我说什么。这种尴尬变成了距离。

"我怕有人好奇地问我为什么，更怕有人同情地说：'哎呀，你放弃了这么好的工作，多可惜。'我不喜欢这种同情，更不想解释我的决定。可是说得多了，我也会怀疑，是不是我真的太天真，放弃了重要的东西，做了错误的选择？"

其实，即使已经下定决心要转变，你也只不过是踏上了寻找新自我的旅途，并非一瞬间就拥有了一个新自我。这时候，你仍会不自觉地以原有群体为参照标准来看自己。这种被当作异类的感觉，这种困惑和失落，我把它称作"放逐感"。

用"放逐"这个词形容失去身份的心理落差，是因为这是根植于我们潜意识的本能的恐惧。人是群居动物，每个人都需要群体归属感，它构成了身份意识的一部分。失去这种归属感，就成了一种惩罚。

在古代，如果一个人犯了错，做了不符合群体规范的事，群体就会把他赶出所属的部落，甚至给他的身体做上专门的标记，比如在脸上刺字，提醒别人他是异类、贱民，不要与他来往，然后把他发配边疆。放逐是一种很重的惩罚，在远古时代，离开部落的人很难独自生活。所以，被放逐常常意味着死亡。

当然，**现代人的生存环境早已发生变化，但被放逐的恐惧仍会在特定场合被激发出来。**

我见过一位被裁员的来访者。虽然他被裁是因为行业不景气，可这件事还是给他造成了巨大的心理阴影：他曾经为之奋斗、辛勤工作的公司，竟然会说不要他就不要他。

他对公司有很复杂的情感：一方面是愤恨，觉得公司不该这么无情地对待自己；另一方面，他开始产生深深的自我怀疑，认定是自己能力不足才会被裁。这就是现代版本的被放逐的故事。

从这个角度看，也许你会更理解转变的艰难。人是需要归属感的，而转变是从归属于一个群体到归属于另一个群体的过程。在转变期，我们会经历一段独自流浪的时间。我们开始远离人群，不知道自己是谁。

我有一个朋友玲姐，她原来是房地产公司的副总，混的是商界精英的圈子。因为种种原因，她决定离开这家工作了十几年的公司。看着废弃的名片，她才发现，自己这么多年来把时间和精力都投入工作中，从普通的销售一路升职，做到公司副总，工作早就成了她的整个世界。现在，这个世界好像不需要她了，她无处可去了。

其实，她并不是虚荣的人，选择离开前她做了很多心理建设。可还是有很长一段时间，她都在承受这种失落感。有一次，她的朋友组织了一场高端会议，拉她一起参加。参会的都是商业精英，大家相互交流，交换资源。很多人给她递名片，问起她的身份时，她朋友还用原来的身份介绍她："这是某某公司的副总。"

她当时很不自在，可又不想解释。她忽然发现，自己已经失去了融入这个圈子的身份，她需要冒充原来的身份，才能站在这儿。

事后她很生朋友的气，认为朋友这么介绍是觉得她的新身份上不了台面。朋友却说："不是这样的，我主要怕你麻烦。万一人家问起你为什么离职，现在在做什么，你还要解释半天。"

她忽然发现，关于"我是谁"这件事，以前用一张名片就能说明，现在可能解释半天也说不清楚。

玲姐失去了某个身份，便也失去了跟原先所属群体的联系。这也是一种被放逐。

我另一位朋友的经历有些类似，她也是在一家公司做了十几年，从基层一路成为高管，为公司发展立下汗马功劳。她一直把公司当作自己的家，觉得那是她人生非常重要的部分。可是因为"内斗"，她不得不离开这家公司。

在她离开后，公司马上开始清除她的痕迹。她的职位由其他人代替，那些她一手提拔、培养起来的，一直对她忠心耿耿的手下，全都不再跟她联系，忙着巴结新领导去了。虽然她嘴上说理解，心里却很失落。看到以前的下属在朋友圈发公司年会的照片，她落寞地说："以前都是我站在这个舞台上发言，可是今年换了一个人，没人觉得有什么不对。"她有一种深深的幻灭感：原来，被自己视作全部意义的工作，并没有那么牢靠的根基。

公司里从来不缺这种现代形式的放逐。你的功绩会被清除，你的照片会被从网站上拿下，你做的项目会有人接手，你奋斗、努力的痕迹会被人刻意抹去。原来的群体不承认你存在过。现在的组织里已经没有地方安放你的存在，它也不知道该怎么解释这种存在和离开。

你需要找到在公司、组织之外的，那个不依赖外界的、具有坚实意义的自我。而这会成为你找回自己的开始。

17 如何面对失去关系后的"被抛弃感"
✳ ✳ ✳

如果说，目标失去的背后，是想要加入某个群体而被拒绝的"求不得"的痛苦，身份失去的背后，是离开原本归属的组织或群体的"被放逐"的痛苦，那关系的失去，更像是"被抛弃"的痛苦。抛弃我们的，正是我们曾经最亲近、最信任的人。

越是亲近的关系，越能给我们提供归属感。相应地，关系中的那个自我越重要，失去它的过程就越会令我们痛苦。可如果一段关系已经不可挽回，接受它的失去反而是最好的选择。

我有一位学员阿诺，她经历了婚姻的变故。在这个时代，婚姻变故是最常见的失去。它在留下创伤的同时，还会改变一个人。

最开始，在婚姻里，阿诺属于被照顾的角色。做饭、打扫卫生、打车、修电脑、安排旅游行程，她什么都不会，全都要靠她先生，而她先生乐此不疲。她本以为，生活会这样一直幸福地过下去。直到有一天，她发现先生出轨了，而且已经出轨很长时间了。忽然之间，天塌了。她原以为牢不可破的关系，一下子成了幻觉，世界在她眼前变得模糊不清。爱情变成了谎言，甜蜜变成了伤害。她进入了一个陌生的、上下颠倒的世界。

但是,一段关系出现裂痕,并不意味着我们马上就会舍弃它,其中的心理历程要复杂得多。

她一开始当然想挽回,这也是我们面对破碎关系时的第一个心理阶段——挽回的幻想。就算受到伤害,爱也不会马上消失。

她先生先是表示歉疚,照顾她的感受,承受她的大哭大闹,可就是没办法切断跟另一个女人的联系。这让她一次次崩溃。两个人都很痛苦。最后,她先生搬出了这个家。

有可能失去这段关系的想法让阿诺很恐慌。为了挽回,她开始卑微地讨好先生。每次先生回家,她都会把家里收拾得干干净净,给他端上水果,问他想吃什么,并且刻意不去问另一个女人的事,甚至连想都不让自己想。得到先生稍微热情点的回应,她就很开心,觉得曾经的家还会回来;得到冷淡的回应,她就责怪自己太没骨气,并怨恨先生冷酷无情。

在这个阶段,人们总是在讨好和厌恶、思念和痛恨之间来回摇摆。讨好和思念是对挽回过去关系的幻想,厌恶和痛恨是对已经发生的伤害的回应。

为了疗愈自己,也为了挽回关系,阿诺不停地自我反省,还去参加各种心理学课程、工作坊。每当课程讲到夫妻的相处之道时,她就会对照自己的婚姻反思:是不是我做错了什么?如果我不是那么依赖先生,结果会不会不一样?这种"我也有错"的自我怀疑背后,是"如果我改,也许还能挽回婚姻"的幻想。

幻想会提供关系留存的希望,可是幻想一次次落空,就会变成折磨人的挫折感。当幻想不断破灭,人们就不得不进入第二个阶段——面对现实。

在经历一次次来回往复之后,阿诺问我:"我到底该怎么选择?如果我选择继续挽回婚姻,该做什么改变?"

我知道,她觉得自己还有选择。我不忍心戳破这种幻想,可是如果不直面真相,她又很难熬。于是,我想了想,说:"也许你应该认真地问一下你先生,他还会不会回来。一段关系要开始,需要两个人一起决定,可要结束,只要一个人决定就够了。如果他决定不回来了,你再怎么挽回都没有用。

"记住,你不是在留下和分开之间做选择,你只是在面对现实和不面对现实之间做选择。你要选择哪一个呢?"

果然,这个提醒让她很痛苦。她想了很久,说:"我选择面对现实。"

她真的去问了她先生,不出所料,他给出了很冷淡的回应:"有些事,过去了就让它过去吧,我不会回来了。我们之间已经不可能了。"

这就是艰难的现实。现实很痛苦,你不愿面对它,用编织的幻想来止痛,可是,这些幻想会制造更多的纠结与痛苦,让你迟迟没有办法和过去告别。面对它,依然痛苦,可是至少你有一个机会去接受关系的结束,腾出空间,为新的自我做准备。

阿诺选择面对现实的那段时间，刚好得了"新冠"。她先生知道后，没有问候一句。若是以前，她想要依赖对方的那个自我一定会给先生打电话或发微信，然后收到"会好的""没关系"这种敷衍的回应。可是这一次，她咬着牙，无论多痛苦都忍着没说。

别人得了"新冠"都会发烧，可是在那样的痛苦中，她浑身发凉，怎么都焐不热。凉的，其实是她的心。她忽然发现，自己的先生已经从原来那个嘘寒问暖关心她的人变成了陌生人。她只是不愿意承认这个事实，才纠结了那么久。

一个人在脆弱的时候，没有得到另一个人的保护和关照，这最让人心寒的瞬间，常常会变成关系的转折点。 她正是在那个时刻意识到，这段关系其实已经结束了。这是一个无法挽回、不可辩驳的现实，无论她接不接受。

从意识到这个现实开始，她就进入了**第三个阶段——消沉期**。

失去了心爱之人的保护，我们常常也会失去意义和价值感。阿诺不再努力看书学习，不再听心理学课程，不想做饭，不想上班。孤独感让她拼命想要逃避，她每天只能靠刷短视频来打发时间，渡过漫漫长夜。

其实，并不是人生没有意义了，只是那些原来附着在关系上的意义，随着这段关系消散了。随之一同消散的，还有她对生活的热情。她的头脑里甚至偶尔会飘过轻生的念头，觉得死亡也许是一种解脱。她就这样浑浑噩噩地过了三个多月，直到迎来**第四**

个阶段——重建期。

三个月后,她参加过的工作坊中的一位老师,邀请她去当助教。其实,这是他们在三个月前就敲定好的事。她虽没有力气,但觉得不好推脱,更不想被问起不去的原因,就强撑着去了工作坊。

到了现场,看到其他同伴的时候,她好像忽然清醒了。那个学习平台原本只是她为了挽回关系才加入的,现在竟成了承托她的新的根基。她继续学习,并尝试把学到的东西作为副业。她开始重新思考婚姻的问题,思考自己的成长,思考什么对自己有利……这一次,她不再是为了挽回关系,而是为了自己。

她变得越来越独立,原先需要靠先生帮忙的事情,现在她自己也可以完成了。她开始享受这种独立的状态。虽然讲起那段关系的失去,她仍然有很多痛苦和悲伤,但她心里知道,那已经过去了。

失去,是一段漫长而痛苦的过程。并不是所有关系都可以被挽回。一旦越过某条线,关系就很难逆转了。当回避痛苦的冲动大过对接近对方的渴望,人的自我保护机制就会启动。你会把对方从"我们"中剔掉,就像把他从身体中排除出去。你会对他重新定位,把他从一个爱人变成一个坏人、一个陌生人、一个与己无关的人,以此来提醒自己,不要再试图接近他,不要再受到伤害。

这个过程的困境是,如果还抱有期待,你会继续感到痛苦、失落；如果不抱期待，你会失去关系里的那个人。直到你受了伤，对方却没有出现，你的心开始冷却。你选择封闭自己对他的感情，把他关在门外。

接受失去，是把一个重要的人变得不重要的过程。这既是我们失去他的过程，也是我们重新找回自己的过程。

失去一段关系当然很可惜，可如果失去是无可避免的，我们就要换个角度看它——这不是失败，而是为了更好地做自己。在《爱，需要学习》[①]中，我曾经写过："一段关系结束了，你需要从'我们'的故事，切换到'我'的故事。"

"我们"的故事，是从改变自己开始，慢慢影响对方的故事；是为关系承担更多责任的故事；是把"我"的委屈和不甘变成"我们"相互理解和奉献的故事。

而"我"的故事，是摆脱束缚，反抗压迫、控制和驯化的故事；是自我觉醒、成长和转变的故事；是勇敢结束一段并不适合自己的关系的故事；是走出依赖、突破心理舒适区的故事；是原以为没有你我活不了，结果发现没有你我不仅能活，还能活得好的故事。

既然"我们的故事"已经走到了尾声，那就开始讲"我的故事"吧。这个故事的结尾，是一个全新的自己。

---

① 陈海贤：《爱，需要学习》，新星出版社2021年版。

18 有失去,才有新的自我

朱迪思·维奥斯特在其著作《必要的丧失》①中这样写道:"人的发展之路是由放弃铺筑而成的。我们一生都通过放弃而成长。"

她还写道:"理解人生的核心就是理解我们如何对待丧失……我们成为何人以及经历的生活是好是坏,都取决于我们的丧失经历。"

我很认同她的观点。自我转变的过程,其实正是一个不断失去的过程。

既然如此,有没有什么办法,能让我们更好地面对失去呢?

坦白说,我没有什么特别的办法。对于真正重要的东西,用简单的办法应对,太过轻巧,也不真实。承认没有办法,就是承认失去的东西的重量。如果某个失去重到需要你痛哭一场,也许痛哭就是最好的办法。如果某个失去让你一直抱有遗憾,也许遗憾就是最好的办法。如果某个失去让你黯然神伤,也许黯然神伤

---

① [美]朱迪思·维奥斯特:《必要的丧失》,吕家铭、韩淑珍译,上海三联书店2007年版。

就是最好的办法。有时候,这些反应是来帮我们确认失去的东西有多重要。

那失去的痛苦会过去吗?我想,终归会过去的,人的心灵有自我痊愈的能力。如果真有什么面对失去的办法,那就是靠这种自我痊愈的能力。但大概率,失去还是会在我们身上留下印记,就像战争会在战士身上留下伤疤。这些伤疤并不意味着我们不完整了,恰恰相反,它是我们走向完整的标志。

人不是瓷器,一遇到打击,就会变成碎片。人是老树,经历风雨,把失去的枝丫化作成长的养料。

我曾在一个节目里谈到关系的失去:"好的分手是,这段关系活在你心里。关系里美好的部分变成了你的回忆,不好的部分变成了需要改变的经验。不好的分手是,你还活在这段关系里。关系里美好的部分变成了你不肯放手的执念,不好的部分变成了你不敢重新开始的创伤。"

其实,这段话适用于所有的失去。好的失去会让我们学到一些重要的东西,变成新自我成长的基础;坏的失去会让我们以为,所有投入和期待都是错误,然后因为害怕而不敢再投入。

虽然前文介绍了三种失去,但它们本质上都是同一种——失去旧的自我。这些失去会让我们在某种意义上离开人群,去独自面对生活的残酷,在孤独中寻找、确认自己。

威廉·布里奇斯在《转变》①一书中介绍了原始部落的一种转变仪式，大体情况是这样的：

在晚上，原始部落的村民们聚在篝火旁，围着一个将要成年的少年唱歌跳舞。部族的长老会为少年唱部落的圣歌，用镰刀在少年脸上留下两道伤疤，这两道伤疤象征着生活的残酷。然后，这个少年就要离开部落，去森林里流浪。他没有身份、没有家人、没有部落，有的只是他自己，独自面对存在本身。

两个月以后，他会以新的身份重新回到村庄，脸上的刀疤会变成成人的标记。当他回来的时候，他已经不再是那个少年了。作为象征，他的父母会将他从小到大睡过的席子扔进火里烧掉。最开始的一段时间，他不会去与自己的父母相认，也不记得原来熟悉的事情，少年的时光已经变成了遥远的记忆。接着，父母会给他取一个新名字。部落的长老会带着他完成这样的转变，直到他习惯自己已经完全变成了一个新的生命。

这个仪式描述的就是转变的历程。在这个仪式里，少年失去了家人，失去了部落的保护，他必须以独立的自我去面对生活的残酷，直到这个自我足够坚定，他才能回到部落。

也许你会问：非得远离人群，才能找到自我吗？

---

① [美]威廉·布里奇斯：《转变》，袁容等译，机械工业出版社2005年版。

我喜欢一行禅师写的佛陀传记《故道白云》①。佛陀在悟道之前经历了一段时间的流浪。在流浪期间，他失去了王子的身份，失去了王宫，失去了旧有生活的一切根基。为什么他不能以王子的身份修道呢？大不了在远离王宫的地方修个道场呗！

这是因为，原有的关系在给我们提供归属感和安全感的同时，会制造出很多限制。我们会用身份赋予自己的角色来思考和感受，并且压抑自我中和身份不符的那部分。有时候，我们需要先离开某种身份，才能知道自己是谁。

在流浪的过程中，我们会放轻一些东西，又加重一些东西：放轻的是外在的光环、别人的目光，加重的是那些不被身份所掩盖的自我。

一、失去会让你更依赖自己

依赖自己，是失去带来的最重要的转变。这种转变常常会积聚、释放巨大的能量。你想要加入的群体没能接纳你，你没有引人注目的身份或头衔，你没有一个能够保护自己的关系，这时，你只能依赖自己。

为了不在荒野迷路，你的自我必须苏醒，你要把自己变成指南针。你需要独立做出判断和选择，无论这个选择是否明智；你需要发展自己的能力，无论你曾经多么笨拙；你需要为自己创造

---

① 一行禅师：《故道白云》，何蕙仪译，线装书局2007年版。

机会,无论你有多么羞怯、多么怀疑自我;你需要发展面对挫折的坚韧,无论你会多么沮丧。就连对"我是谁"这个问题的探索,你也要更依赖自己。

意识到这一点,常常是一个人成熟的开始。而那些慢慢从自我中苏醒的东西,会变成新自我发展的重要基石。

二、失去会让你更珍惜此刻拥有的一切

依赖自己并不意味着独来独往。相反,我们会更珍惜还拥有的东西、还保持的关系。其实,那些东西一直都在,只是失去会让你重新看到拥有的一切。

我有一个朋友,他曾经在一家大公司里创建了自己的业务,成绩很不错。后来因为各种人事斗争,他放弃了一手创办的事业,组建起一支小团队,重新创业。以前在大公司里资源丰富,很多人求着跟他合作,现在一切从零开始、资源捉襟见肘,他还得去求别人跟自己合作。可以想象,这种落差带给他多大的失落感。

可是,过了一段时间后,他对我说:"我很庆幸,我还拥有这么多。团队虽小,但业务更自由了。以前做什么事都要看老板的脸色,现在都可以由我自己决定。还有我的妻子,经历这么多挫折,她一直在身边支持我,我们的感情从来没有像现在这么好过。想到这些,我就会感谢自己做了那个决定。现在,我比以前更珍惜这种拥有了。"

我知道,这种对拥有的"看见",某种程度上是他去适应"失

去"的结果，是为了自己不被失落淹没所做的努力。但这不是自我欺骗。那些最简单的存在，那些纯真的关系，真真切切成了他的新自我的一部分。因为"看见"，他才真的拥有了它们，这些关系才在他的生活里有了更大的意义。

三、失去会让我们觉察人存在的本质

远离人群的同时，我们脱离了世俗，脱离了理所当然的应该，会试着用一种全新的、未被影响的眼光去看待生命和自己，会更理解生命本身的孤独和自由。而这种理解，会让我们变得更加宽容。

我在《重新找回自己》[①]中引用过一段话，来自一位处于转变期的读者写给我的信：

> 以前接受的学校教育都是遇到事情要乐观、坚强，勇往直前。而在经历了过去一系列变故以后，这套mindset（思维方式）却让自己吃尽了苦头……
>
> 在我过去的一段"迷茫期"，如您所说，我的生命里确实长出了全新的东西。其中最宝贵和神奇的经历就是，我能够静下心来看以前看不下去的文学作品了。我在自我怀疑、自我否定、远离人群的时候，看到有人把这种痛苦、挣扎以及可能的救赎诉诸文字，就觉得自己一点都不孤单了。

---

① 陈海贤：《重新找回自己》，湖南文艺出版社2024年版。

这种理解和共鸣，也是我们从失去中得到的。

前面我举过电影《心灵奇旅》的例子。现在，让我继续用这个例子作为这一站的结尾。

在电影里，乔伊终于梦想成真，跟著名的爵士乐手一起完成了一场完美的演出。演出终了，爵士乐手问他感觉怎么样。他愣了一下，说："我以为会有很大不同。可是，好像没有。"然后，爵士乐手就给乔伊讲了一个故事。

从前有一条小鱼，它游到一条老鱼旁边问："我想要去大海，怎么才能找到大海呢？"

"大海？"老鱼说，"你现在就在大海里呀！"

小鱼不信："这儿吗？这儿只是水啊！"

发现自己身处大海里，也是我们从失去中得到的。有时候，我们需要先失去自己执着的东西，才会发现自己本就拥有生命的富足。这种富足，就在一呼一吸之间，就在习以为常的生活中，就在人与人最朴素的关系里。

在失去很多东西以后，你会发现，有一样东西最终剩了下来，那就是自己。正因为这个发现，你才会好好审视、珍惜自己，它是那么珍贵、稀缺、无可替代。

● 转变工具：三组问题，面对失去

如何面对目标的失去、身份的失去、关系的失去，以及如何面对失去本身，是这趟自我转变之旅中令人痛苦的一站。但这是你不得不面对的一站，因为自我转变的过程就是一个不断失去的过程。

我会介绍一个工具，帮助你探索如何面对失去。

行动

用三组问题，探索曾经或当下的失去。

提示

上一次转变中，你面临的失去是什么？它给你带来了什么样的痛苦？

你是如何适应这种失去的？

如果有的话，你从这段失去中获得了什么？

第六站
放逐：脱离旧群体

19 关系脱离的四阶段

✳ ✳ ✳

自我的独立，总是伴随着关系的变动和脱离。关系的脱离，既是我们离开一段关系的过程，也是弱小的自我逐渐长大，寻找新力量的过程，它同样是转变期的重要议题。

你是否经历过这样的关系？当你还很弱小的时候，有一个人给了你特别的欣赏、保护和认可，他把你当作重要的人，你也感激他的存在，享受这段关系提供的归属感。可是随着你的成长，这段关系慢慢起了变化。保护变成了控制，认可变成了贬低，观点的差异变成了权力的斗争——激烈的冲突开始了。你鼓起勇气脱离了这段关系，却发现自己仍然会受到它的影响。曾经的忠诚变成了伤害，曾经的贬低变成了自我怀疑，曾经的爱变成了放不下的怨。

这种关系的脱离比我们想象的更常见，它不仅发生在恋人之间,也发生在父母和孩子、师父和徒弟、老板和员工、曾经的朋友之间……

这种脱离背后有一个核心议题:当一段关系已经不适合自我的发展,我们又没有办法改变时,究竟应该选择忠于关系,还是忠于自己?关系的脱离常常意味着,哪怕对方是权威或是保护我们的人,我们最终还是会选择忠于自己。

但脱离的过程要比我们想象的更曲折。脱离是为了重新做自己,可有些时候,这样做之后,反而更让我们找不到自己。

让我用心理学史上一个著名的例子——弗洛伊德和荣格的故事,来说明关系脱离的心理历程。

弗洛伊德和荣格是心理学史上两位著名的大师。弗洛伊德是精神分析学派的创始人,也是现代心理咨询的创始人。有人评价说,他的潜意识理论对人类文明的影响,不亚于爱因斯坦的相对论对物理学的影响。而荣格关于内外向、中年危机、集体潜意识的理论,至今还在影响着我们的文化,现在很受欢迎的MBTI(迈尔斯-布里格斯类型指标)测试就是以荣格的人格理论为基础编制的。

这两位大师的人生有一段特殊的交集。最初,荣格是弗洛伊德的追随者,弗洛伊德则很认可荣格的才华,后来还指定他为自己的接班人。但最终,两个人因为理念不合而分道扬镳,甚至反目成仇。而荣格是在脱离弗洛伊德以后,才逐渐创立起自己的理论,成为心理学领域的另一位大师。

弗洛伊德和荣格这段从相遇相知到分离独立的经历，刚好可以对应脱离的四个阶段。

阶段一：依附期

在这个阶段，作为后辈的一方会依赖能力强的另一方，接受他的保护。这种保护会给后辈带来归属感，但他们付出的代价是，压抑自己的想法和感受，用对方的眼光来看世界和自己。

弗洛伊德和荣格在相遇之初就是这样的。荣格作为后辈，满怀景仰之心去拜见当时已经声名卓著的弗洛伊德，而弗洛伊德马上看到了这位年轻人的才华，对他欣赏有加。很快，弗洛伊德就把荣格引荐到自己组建的精神分析学会的核心圈子，并准备让荣格接手精神分析学会主席的职位。弗洛伊德甚至公开说过"荣格是我的长子"。而荣格也以此为荣，尽力维护弗洛伊德的权威，追随他、维护他、依附于他。

在传记里，荣格写道："在弗洛伊德个性的影响下，我尽可能把自己的判断放到一边，也压抑了自己的批评。这是跟他合作的前提条件。我曾对自己说：'无论智慧还是经验，弗洛伊德都远胜于你，这会儿你就应该听他说，好好学习。'"[1]

从属于依附对象，模仿他、适应他，这在一开始并不是问题，

---

[1] [瑞士] 卡尔·古斯塔夫·荣格：《回忆、梦、思考：荣格自传》，于玲娜译，上海译文出版社2020年版。

甚至是最有效的学习方式。可是，随着自我的成长，那些被压抑的、不为这种关系接纳的部分自我，会从模模糊糊的感受、想法变得越来越清晰，越来越想要有独立的表达。

这时候，关系就慢慢进入了下一个阶段。

阶段二：冲突期

随着荣格的成长，他和弗洛伊德之间的差异越来越明显。弗洛伊德是泛性论，认为人类古怪的行为都跟压抑的潜意识，尤其是性本能有关。而荣格认为，潜意识根植于人类的集体文化、远古记忆，而不是性本能。

对弗洛伊德来说，荣格的观点不仅是对自己学说的反对和攻击，更是对自己本人的挑战和背叛。而荣格在忠于自己的思考和忠于与弗洛伊德的关系之间，选择了前者。这意味着，他不再甘心当一个跟随者，他渴望独立。

他们俩的关系开始变得紧张起来。最开始两个人还努力维持着原来的关系，只是把变化包装成某种学术争论。不过，这种包装不能解决根本的矛盾。每一封关于学术争论的书信背后，都是对背叛的控诉和对控制的反抗。

在一次激烈的争论之后，他们俩的关系彻底决裂，发展到了第三个阶段。

阶段三：决裂期

弗洛伊德把荣格逐出了自己一手创建的精神分析学会——要知道，在弗洛伊德的举荐下，荣格曾是这个学会的候选主席。弗洛伊德还要求自己的弟子不能再跟荣格往来。弗洛伊德把荣格从自己的圈子里放逐了，这是他对荣格背叛自己的惩罚。

而这个决裂对荣格而言，更是人生的至暗时刻，他陷入了严重的抑郁。理智上，他当然知道自己没有错，可是情感上，他仍然遭受了巨大的痛苦。这种痛苦夹杂着愤怒和自我怀疑。他失去了曾经的团体，失去了那个他曾敬仰的人，失去了曾保护他、欣赏他的人。昔日的"父亲"，现在视他为敌人。

荣格付出的所有代价都是为了成为他自己。可是现在，他反而不知道自己是谁了。

当时，不仅弗洛伊德的圈子放逐了荣格，荣格也放逐了自己。他选择去苏伊士周边的乡下隐居。

这是他最难熬的阶段。选择去乡下隐居，也许是因为他不想再听到作为学术明星的弗洛伊德的任何消息。弗洛伊德的任何一个好消息，都是对他的打击。

关系的决裂会不自觉地把两个曾经亲密的人推到竞争的位置上，就好像前任的飞黄腾达对我们的打击。 有时候，这种愤恨会让我们不自觉地把"我要比你过得好"作为人生目标，可这样的话，我们不仅没有办法从一段关系中脱离，反而会以竞争的形式把自己继续留在这段关系中。

那个时候，荣格无疑是处于下风的竞争者，弗洛伊德的每次成功都更加衬托他的失败。这种不自觉的竞争关系压抑了荣格的创造力，掩盖了他的故事中最核心的部分：他脱离权威的保护，是为了维护自身的独立；他选择忠于自己，不是为了比弗洛伊德过得好，而是为了成为他自己。

意识到这一点后，关系的脱离就会进入第四个阶段。

阶段四：自我重建

在与世隔绝中，荣格开始脱离弗洛伊德的影响——至少部分屏蔽了这种影响。他开始在这段关系之外寻找自己独特的资源。他开始学习等待，等待内心的声音出现。

某一天，他脑海里忽然冒出一段童年的记忆：他特别喜欢用积木搭建小房子和城堡。与这一记忆同时出现的还有大量情感。于是，荣格重新把自己变成了孩子。他开始给自己建一座石头房子，就像要搭建起一座通往孩童岁月的桥梁——那是他曾经拥有、而今已逐渐消退的创造力的源泉。

他说，那是他命运的转折点。

他开始发展自己的理论，对人类的另一种独特的看法。找到并实现新的自我，既是他与弗洛伊德决裂的原因，也是他适应这种决裂的办法。当那些理论从思考中长出来时，他适应了关系的脱离，也慢慢走出了抑郁。随着一系列重要著作的问世，荣格提出了自己的理论。

当初，这些理论的萌芽引发了他和弗洛伊德的决裂。现在，它们已经足够成熟。不过，它们的问世跟弗洛伊德无关，跟那个好奇地用石头建造堡垒的孩子有关。随之一起问世的，还有荣格的新自我。慢慢地，荣格有了自己的追随者，成立了自己的学术机构，最终成为在心理学史上能够与弗洛伊德平起平坐的大师。

你看，就算是心理学大师，在关系的脱离中也需要经历自我怀疑和被放逐的痛苦。也许，关系的脱离就是我们在成长道路上需要付出的代价。也许，只有经历这样的脱离，人才能变得成熟，才能找回自信——这种自信不需要依附于任何人的肯定和认可。

关系的脱离是一定会经历的吗？我的回答是，是的。当自我逐渐成熟以后，我们就会想要摆脱依附的状态，渴望一种更平等的关系。只有这样，我们才能用自己的眼光去定义自己是谁。

可是，这种脱离太痛苦了。我们免不了偶尔反思：如果当初处理得好一点，这段关系是不是就能保留下来？

是，也不是。"是"是因为，如果一段关系能随着某个人的成长做出适时的调整，两个人能适应新的角色和位置，关系是能够保留的。"不是"是因为，无论怎么调整，原来那种依附关系都没办法保留，就算勉强保留了，也会很痛苦。如果你能理解，这种关系的脱离是自我成长的必然，你就会接受，脱离不意味着你没有处理好这段关系，只是你的自我已经长大了，不适合再以弱小的、依附者的角色留在这段关系里。

好的关系中，保护是为了离开。培育者提供保护，都在为了被培育者有一天能够成熟到离开自己而做准备。

坏的关系中，保护是为了离不开。培育者提供的保护，暗含了"你要永远追随我"的动机。这样一来，保护就会变成控制，控制就会引来反抗。关系要么变成相互怨恨又无法脱离的纠缠，要么以一种撕裂的方式彻底断开。一方觉得自己被放逐，痛恨自己的忠诚换来这样的结果；另一方觉得自己被背叛、抛弃，自己的好心都被辜负了。

该怎么理解这种离开呢？毕竟，有些师徒维持了一辈子的和谐关系，有些父母和孩子一辈子都非常融洽。难道所有的恩，都要以怨结尾吗？当然不是。这里说的离开，指的是离开关系里的角色——永远都长不大的角色。否则，自我就没有办法成长，人们就不得不通过离开关系的方式来获得新自我。

20 关系的脱离会经历哪些波折

✳ ✳ ✳

关系的脱离之所以会发生，本质上是因为现有的关系已经不适合自我的成长，个体需要离开这段关系去发展自我。可是，当关系的脱离发生时，新的自我还不能马上形成。我们还会留恋过去的保护，关系里的爱恨情仇还会牵动我们的神经。有时候，我们甚至会尝试回到过去。这就是关系脱离中的反复。

反复是因为，关系的脱离绝不只是离开那么简单。虽然你已经离开了那个重要的人，可他对你的影响还存在，你还会用他的眼光看自己。有时候，你还会想念他提供的归属感。受到新的创伤后，你仍会误以为他是能治愈你的人。

所以，关系的脱离通常不是一蹴而就的，而是一步三回头。这种反复既可能发生在我们离开的阶段，也可能发生在我们离开之后。

我曾接待过一位来访者明丽，她见到我的第一句话是："老师，你说我是不是遭遇了职场PUA？"

PUA是一个意义不明的词，有时候我们会用PUA指代无法清楚描述的感情。在多数情况下，PUA代表了这样一种关系：被伪装成感情的权力和控制。明丽的经历，就是关于她如何从这样一段充满权力操控的关系中挣脱出来，重新找到自我的故事。

她的前老板是公司里的明星，年轻有为又风度翩翩，受到很多女同事的青睐，她也很崇拜他。当察觉到老板对自己格外赏识时，她好像得到了一种荣耀。这种荣耀变成了她的自我概念的一部分：一定是因为我足够出色，如此优秀的老板才会赏识我。

老板给予了她很多帮助，让她负责一些重要的工作，当着同事的面称赞她，还在升职的过程中力排众议支持她。她很享受这种保护，并用努力工作回报老板。

但是慢慢地，这种保护中多了微妙的期待。有一次加班到深夜，老板邀请她一起去散步，她本能地拒绝了，老板就没再提。人和人之间这种情感的暧昧是很复杂的，它好像发生过，又好像没发生。看起来微不足道的事情，却足以在情感上掀起滔天巨浪。

从那以后，他们的关系好像变了。保护变成了打压和控制，老板不仅频繁挑她的刺，还在同事面前批评她、否定她的能力，稍有不顺，就冲她发火。而她选择更努力地做事，想要向老板证明自己。

表面上看，她好像遇到了一个给自己"穿小鞋"的老板，但是考虑到他们原本的关系很亲近，这种变化让她更难忍受。老板无疑是在向她展示权力。他一方面不停否定她，好像在说"如果不是我，你什么都不是，你要懂得感恩"，另一方面，又好像在说

"是你自己有问题,我骂你是为你好"。

这就是PUA,它会让人陷入巨大的混乱:究竟是"我不行",还是"他很坏"?

如果相信"他很坏",她就会失去老板的保护,因为这个答案预示着她需要离开,可是她明明对他还有依赖;如果相信"我不行",她就会失去自己,陷入自我怀疑,可是她明明觉得自己没那么差,老板的指责并不公正。

在这样的痛苦和纠结中,她无数次萌生辞职的念头,却又不敢离开。直到有一次,老板又挑她的刺,她终于忍无可忍,递交了辞职信。

老板的反应很激烈,冲着她怒吼,又愤怒又伤心。也许这是老板第一次意识到,他的权力是有边界的。如果她选择离开,他的权力就作废了。而老板的激烈反应让她有一些小得意,就好像她由此确认了自己在老板心中的重要性。

当保护变成了控制,接受保护的人就会想要挣脱关系,寻找自我。

可是,关系的脱离不止这些。明丽以为,递交了辞职信,离开了老板,就完成了脱离。实际上,关系的脱离刚刚开始。

老板很快从这种痛苦中走了出来,对她恢复了普通同事间的客气,甚至还给她张罗了顿散伙饭,仿佛什么都没发生过。

而明丽忽然发现自己被抛到了荒芜之地。反抗的对象消失了,连带消失的，是曾经的青睐和保护带来的虚幻的荣耀，那种让她以为自己很特别的错觉。现在，这个地方，只剩她自己。

一切都归于平常。前老板还是公司的明星，她还经常能从新闻里看到他。而她却要为自己的前途奔波，找新的工作。她觉得不公，可又说不出哪里有问题，毕竟老板也没对她做什么。如果认真算起来，老板提供的帮助还要大于打击。

这时候她才真正触摸到了权力：**重要性不对等的权力**。老板对她很重要，她对老板却无足轻重。老板有着光明的前途，她却为此付出了巨大的代价。

她开始认不出自己，认不出发生在自己身上的事。她开始仔细检查经历过的每一个细节，想要弄清楚让自己痛苦的情感是否真的发生过，她对老板是否真的重要过。现实和幻想融合在一起，她开始怀疑自己的选择，怀疑自己是不是太矫情，是不是错过了大好的职业机会。她想回去找老板谈谈。

这是关系脱离中经常会发生的事：**脱离关系的最初，我们会产生巨大的迷茫、恐慌和留恋，它们会引发自我怀疑；而这种自我怀疑会编织出各种各样的理由，把我们拉回到过去。**

经过一段时间的煎熬与挣扎，明丽鼓起勇气约见前老板，想询问是否能回去工作。他好不容易答应，却选了路边一家人声鼎沸的咖啡厅。刚坐下，他就说："我这里不需要你这样的人，以前是我看错你了。事实证明，你离开对部门发展更好。"老板终于获得了报复的机会。

在巨大的情感冲击下,她保持冷静,起身说了句"还是谢谢你的时间"就离开了。可很快,羞愧、悔恨、愤怒和自我怀疑淹没了她。她既痛恨自己如此不理智,竟然还会找前老板,去接受这样的羞辱,又怀疑前老板对自己的评价是对的,自己就是没什么能力,只是利用了他。

我明白她的痛苦。这种痛苦不仅在于被前老板拒绝、否定,还在于,因为去找前老板,她失去了一个故事。

在那之前,就算再痛苦,她都可以跟自己说,这是一个通过英勇反抗前老板,通过摆脱一段不合适的关系,来寻找自我的故事。她所承受的痛苦是英勇反抗的代价。可是当她去找前老板又被拒绝后,她的经历就变成了一个软弱的人做了冲动的决定,感到后悔,却再也回不去的故事。

她觉得自己失去了原来的故事。而我,想把原来的故事保留下来,还给她。

我问明丽:"在去找前老板之前,你想过会被他拒绝吗?"

她说:"我当然想过。我老板脾气很大,心胸狭窄,辞职的时候他就恨上我了。以我对他的了解,他拒绝我,并不出乎我的意料。"

我说:"如果是这样,在我眼里,你经历的仍然是一个英勇反抗的故事。从你决定离开前老板起,这个故事就是如此,现在也没有改变。也许,你去找前老板,只是不想再后悔、纠结,所以你选择让自己碰壁来断了念想。"

她同意了我的说法,也因此保留下了原来的故事。

后来,她去了一家创业公司,新老板把她当作一个更平等的合作者。

多年以后,我又见到了她。那时候,她已经是公司的高管,自己也带团队。她没有再提起前老板,只是说:"陈老师,谢谢你。我现在变得更自信了。最重要的是,我知道,我并不需要一个权威来保护、认可我。"

她顿了顿,说:"现在,我就是那个权威。"

21 如何脱离原生家庭

✳ ✳ ✳

在所有关系中，我们跟原生家庭的关系无疑是最特殊的，其中的感情最浓烈，羁绊也最深。子女渴望从父母那里得到保护、认可和爱，父母也从对子女的抚养中获得繁衍的意义感。子女寻求独立，想脱离原生家庭的关系，会对双方构成巨大的挑战。

心理学里有一个家庭生命周期理论，讲的是每个家庭都要经历不同的发展阶段。子女长大离家、独自成长，是家庭发展的必然阶段，需要每个家庭成员在心理上做出调适和改变。

你可能会问：是不是亲子间的感情越深，子女就越难脱离原生家庭呢？不是的，反而越不安全的关系，子女越不容易离家。这背后有着自我发展的基本规律。

人在孩童时期，很需要父母提供的安全感。

如果孩子觉得自己和父母的关系是安全的，自己是有人保护的，他就能够大胆地探索世界。因为他知道，遇到挫折后自己有家可回，有地方可以疗愈伤痛。在探索世界的过程中，他会逐渐发现自己的力量，并锻炼出和其他人交往的能力。随着能力的积累，他会对自己越来越有信心，越来越依赖自己。在这个过程中，父母提供的安全感从实际的照顾逐渐变成心理的象征——孩子觉得"我有人爱"。这时候，孩子就开始独立了。

如果父母没有提供足够的安全感呢？那孩子就会一直努力寻找缺失的安全感，从而失去探索自我的兴趣。他会将目光放到别人身上，一旦发现做某些事能够获得别人的认可和赞赏，便会拼命地做。但这不是发展自我的方式。

遇到挫折时，这样的孩子会责怪父母没能给自己足够的爱和认可，哪怕他已经长大成人。可是换个角度看，这种责怪没有道理。他都已经长大成人了，父母没有办法再提供他所需要的安全感了，他需要去家以外的地方寻找。

切换到父母的视角，故事又会变成另一种面貌。如果父母对子女的爱是恰如其分的，他们就会在孩子有需要的时候提供保护，在孩子探索世界的时候学会放手。可如果父母在孩子身上倾注了太多感情，放手谈何容易。他们要放下自己的权力，放下跟孩子曾经那么亲密的关系，去面对一个残酷的事实：孩子已经不那么需要他们了。

如果父母和孩子的关系紧密到无法分割，或者原生家庭需要孩子扮演重要的角色才能维持，那这个孩子要想从原生家庭中脱离，会十分困难。

我有一个学员唐姗，她已经大学毕业好几年了，还跟父母住在一起。她想从家里搬出去，却顾虑重重。

"小时候我父母经常吵架，妈妈总跟我诉苦，我从小就知道她的委屈。所以那时候我总怪爸爸，觉得是因为他对妈妈不好，家里才会这样的。我很想保护妈妈，想方设法让她开心。这倒不完全是为了她，只有她开心了，我才能得到安宁。我总是想，长大以后要买大房子，带妈妈离开。可那时候我还小，唯一能做的就是好好学习，变成乖孩子。"

这种情况在夫妻不和的家庭里很常见。孩子代替爸爸成为妈妈的保护者，妈妈自然把更多的精力倾注到孩子身上。当这样的角色模式固定下来，孩子长大离家就会引发家庭的危机，家里的每一个人都会下意识地抗拒这种变化。

唐姗家就是这样。她说："我长大以后，父母还在吵架，我还在努力调停，但我越来越觉得压抑。慢慢地我发现，他们的问题不只是爸爸对妈妈不好那么简单，我妈妈也有问题。我再也没法像小时候那样，完全站在妈妈这边。有时候我受不了她的抱怨，也会说几句。她就很生气，觉得我变了，不听话了。"

立场的差异是关系脱离的前兆。唐姗不再只从妈妈的角度去看待、感受事情了，她有了自己的理解和判断，这为接下来的冲突和矛盾埋下了伏笔。

"后来，我找了一个男朋友。可是我爸妈都不赞成，觉得他条件不好。也不知道是为了捍卫男朋友，还是捍卫自己的权力，我拼命坚持。我妈妈就生气地说：'如果你一定要跟他在一起，你就从家里搬出去，我就当没你这个女儿！'我没办法，只好跟男朋友分手了。"

表面上看,她和妈妈争论的是这个男朋友好不好,实际上她们争论的是,对于女儿找男朋友这件事,父母有没有做主的权力。这背后也隐藏着父母对孩子离家的焦虑。虽然这场争论以父母胜利告终,但最终强化了孩子从原生家庭脱离的决心。

之后的日子里,唐姗内心充斥着很多顾虑。她害怕跟父母起冲突,害怕看到妈妈暴怒的样子。她还会质疑自己想搬出去是不是太自私了,那样做等同于抛弃了妈妈。

我对她说:"你的这些顾虑都是真实的。你扮演妈妈保护者的角色已经快三十年了,现在忽然要改变,一定会引起动荡。可是如果不去改变,难道你能一辈子做长不大、不能离家的孩子吗?"

后来,唐姗还是从家里搬出去了。最开始,父母生她的气,甚至不愿意跟她联系。感到孤独时,她会一边埋怨父母不谅解自己,一边想,是不是我要服个软,跟他们道歉呢?最终,她熬过了这个阶段,又跟父母恢复了联系。

不过,她明显感觉到,自己跟妈妈的关系变得疏远了。这种疏远让她忐忑,也让她感到新奇,好像有一些新鲜的空气进来了。空间的距离变成了关系的距离,关系的距离又为情感松绑创造了空间。在为妈妈活了那么多年以后,她第一次隐隐约约体会到做自己是什么感觉。

从原生家庭脱离的过程,就是把父母变得不重要的过程。更

确切地说，父母不再是我们生活的重心了。这对一些习惯从父母的角度思考问题的人来说，尤为困难。

我的另一个学员阿朵从小就陷入跟妈妈的纠缠中。小时候，妈妈经常骂她，觉得所有事都是她做得不好。在妈妈眼中，那些辱骂和贬低并不意味着关系的疏远，反而是亲近的标志。因为在过于亲近的关系里，父母理所当然地把孩子当作自己的一部分，认为孩子应该符合自己的期待。一旦孩子的表现和期待有偏差，父母就会辱骂、贬低他们。

和很多孩子一样，阿朵最初会努力迎合妈妈的期待。可是慢慢地，她发现自己怎么都达不到妈妈的要求，就从顺从转为反抗。她反抗的是，妈妈为什么不能接纳自己。可是她妈妈只觉得女儿不听话。

这种反抗甚至持续到她结婚又离婚。她说："我离婚，就是为了报复我妈妈。"她仿佛是要通过把自己的生活搞砸来控诉妈妈：你把我的生活害惨了。

阿朵这种做法，等于在不自觉中把妈妈变成了生活的中心。有时候，这会让我们误以为，妈妈反对的就是自己想要的，而妈妈赞成的就是自己不想要的。其实，我们想要的，只是摆脱妈妈的控制。在关系以外，我们并不知道自己想要什么。

要让原生家庭不再是我们生活的中心很难。我们都对家怀有期待。这种期待背后，是弱小的自己对安全感的渴望。当渴望得不到满足的时候，我们会把期待变成满腔怨恨。我们希望家人看到我们受伤了，希望他们能提供保护，帮我们疗愈伤口。有时候，这种期待又会变成关系的纠缠。

对于这种期待，我有一个坏消息和一个好消息要告诉你。

坏消息是，你的期待可能得不到回应。不是父母不给，而是他们没有能力给。就像阿朵的妈妈，如果她承认孩子受伤了，她就要承认自己是一个伤害孩子的"坏"妈妈。这是她不想面对的自己。内疚会把她压垮。她也不想放弃跟女儿的纠缠，这是她唯一知道的能跟女儿保持联系的方式。

好消息是，你已经长大了，没有这种保护，你也能疗愈自己，只是你还没有发现。其实，疗愈自己的最好方式是把自己的世界变大，让其他关系填充你的生活，让其他信息充斥你的头脑。

《你当像鸟飞往你的山》[①]讲的就是主人公塔拉脱离原生家庭的故事。塔拉出生在一个信仰摩门教的奇怪家庭。父亲仇视政府和公共机构，不允许孩子去学校读书，也不允许家人去医院，一直在为世界末日的来临做准备。如果塔拉穿稍微短一点的裙子，就会被骂是妓女。她的一个哥哥有严重的暴力倾向，经常把她手臂扭到背后，把她的头摁到马桶里，从而让她屈服。她母亲虽然偶尔会清醒一下，但更多时候是软弱的。母亲只能站在父亲和哥

---

① [美]塔拉·韦斯特弗：《你当像鸟飞往你的山》，任爱红译，南海出版公司2019年版。

哥那边，觉得塔拉的控诉是在夸大其词，是对家庭团结的破坏。

几乎是出于离家的本能，塔拉凭自学考上了大学，又遇到了很多欣赏她的老师。到剑桥大学读博士后，她的世界才慢慢涌进一些家以外的信息，她也获得了新的空间，能更客观地审视自己的家庭。

即便如此，当家人指责她，说她对暴力的控诉动摇了家庭的稳定，几乎所有家人都站在她的对立面时，她还是忍不住怀疑自己。当她意识到，如果要坚持自我，就会跟家庭失去联系后，她陷入了严重的心理危机。她开始不出门，把自己关在寝室里看美剧，断绝与外界的联系。这些做法都是为了逃避失去原生家庭的伤痛。后来，她找到学校的心理咨询师，经过整整一年的漫长疗愈，她的头脑才开始接受一些新的东西。

在这本书的结尾，塔拉重新去看了家里的镜子。她发现，自己再也不会用扭曲自己的想法和感情的方式，来获得与家庭的联系。她说：

在那一刻之后，我做出的决定都不再是她会做的决定。它们是由一个改头换面的人，一个全新的自我做出的选择。

你可以用很多说法来称呼这个自我：转变，蜕变，虚伪，背叛。

而我称之为：教育。

对塔拉而言，教育帮她完成了从原生家庭的脱离。或许，你也可以把从原生家庭的脱离看成自我教育的过程。在这个过程里，你放下了原生家庭灌输的信条，开始用自己的眼光去理解、接触现实，去建立父母之外的新关系——虽然父母是不可取代的，但我们终会长大，开始拥有自己的人生。我们会脱去孩子的外衣，离开家庭，接受生活的历练，直到以成人的身份归来。

22 如何从心理上脱离关系

✳ ✳ ✳

很多人会下意识觉得,关系的脱离就是离开。没错,离开是最直白的脱离形式。可是,关系的脱离绝不是在空间上分开那么简单。就像前面讲过的明丽,她就算辞职,就算在空间上跟前老板分开了,依然受到他的影响,被他限制住自我的发展。这种情况下,关系的脱离并没有完成。

我们进入一段关系时,都希望那个重要的对方能够理解我们、保护我们。那个人走进了我们的心,我们也接受了他的影响。我们会在意他的情感,会用他的眼光看自己,通过调整自己来适应这段关系。在我们告别关系后,这种情感并不会立刻消失,反而会引发我们对自我的怀疑。

我曾接待过一名深陷失恋痛苦的来访者小童。她原本是一个很自信的人,可分手时男友撂下的一句话深深地影响了她。他说:"你脾气这么差,又没什么魅力,连我都受不了。真正了解你的人,是不愿意跟你在一起的。"

之后的几年,她有过一些追求者,可是一想到前男友的评价,她就恐惧万分，再也不敢走入亲密关系。

我问她："那些追求者怎么看你呢？"

她说："他们都觉得我挺好的。"

我又问她："那你为什么相信前男友的话，而不相信他们的话呢？你未免把前男友看得太重要了。"

也许她的相信是为了保护自己不再遭受失去的痛苦，可是无论如何，这种相信变成了她的自我封印。她被封印在前男友离开时对她的评价里，没法更新自己。

这种自我封印是关系脱离的陷阱。我曾经写过一篇童话，叫《一只鸟要自由，需要离开笼子两次》，讲的是一只鸟鼓起勇气逃离了笼子，却无法逃离主人愤恨的咒骂。它觉得自己清亮的歌声不是值得骄傲的优点，而是邪恶的诱惑。它走了很远很远的路，一直不敢唱歌。直到加入新的群体，有了新的生活，它才找回自己的歌声。

一只鸟要获得自由，需要离开笼子两次：物理上的笼子和心理上的笼子。一个人要获得自由，也需要离开关系两次：肉身上的离开和情感上的放下。小童只有在情感上放下前男友的影响，才能解除封印，重新获得自由。

可不幸的是，一般人在脱离一段关系之后，本能的反应并不是放下，而是报复对方。你有没有看过电影《功夫熊猫》？影片中，黑豹曾是师父的爱徒，可是发现师父选了师弟做接班人后，他非常愤怒。自那以后,他的生命里只有一个目标:通过打败师弟来报复师父的决定。

黑豹的报复,是另一种形式的求认同。他要通过打败师弟来证明师父当初选错了,让师父意识到那个决定伤害了他,哪怕师父已经去世了。否则,"我不行"就会变成他自我概念的一部分。

可是,如果要去证明对方错了,我们就永远没法离开这段关系。这就如同在原生家庭中受伤的子女拼命想要父母承认错误,承认他们伤害了自己。这种举动隐含的假设是:既然他们让我受伤,他们是否能通过看见我的伤痛来疗愈我呢?既然他们的评价在影响我,他们是否能通过更新对我的看法来取消我的封印呢?

也许可以。但这种做法意味着,你还在用对方的眼光看自己,你并没有脱离这段关系。

那该怎么消除这种影响呢?至少先理解这种影响是什么。

我有一位来访者叫吴吴,他妈妈是一名企业家,他曾在妈妈的企业里工作。后来,两个人发生了严重的冲突,他以一种激烈的方式离开了家。

他说:"我妈妈总是百般贬低我,我做什么她都认为不对。离家后,我对她说的每一句话都产生了本能的抵触。她说经营管理中不能有太多人情,要效率优先,我知道这话没错,可就是不想听。生怕一旦听了,我就会变得跟她一样。更怕承认她有道理后,她那些贬低我的话就会变成真的。"

他想通过抵触妈妈的话来消解她的影响，却陷入了困境。

我问他："你妈妈伤害你的，究竟是她说话的内容，还是她说话的方式？"

他说："是她说话的方式。哪怕她说天上月亮是圆的，也会透露出一种'你连这都不知道'的感觉。"

我说："那你就要知道，你要反抗的是她说话的方式，而不是她说的内容。不然，她说天上月亮是圆的，你就得去证明月亮是方的。"

就算要证明对方错了，我们也得先明确自己要证明的是什么。看清对方是如何影响我们的，我们才能有效化解掉这种影响，从而自由地拥抱现实。

怎么做才能彻底脱离一段关系呢？

首先，探讨原谅的可能性。

我知道，在一些存在伤害的关系里，说"原谅"要很小心。因为它很容易变成对伤害的轻慢，对伤害者的纵容，甚至演变成对被伤害者的不公指责。我在此想表达的原谅，只是一种可能，既不是要求，更不是强迫。只有受伤害的人自己，才有资格决定是否要原谅。

那我为什么要把原谅当成一种思路呢？为了你自己。有一位心理学家说过，forgive（原谅）中的give（给），不是给别人，而是给自己，给自己一些空间，让自己从纠缠的关系中解脱出来。

也许你仍感到愤懑、不甘，觉得非报复对方不可。其实，原谅也是一种报复。让一个人在你的生活中变得不重要，这难道不是最好的报复吗？当然，这样做不是为了让对方不痛快，而是为了你能更好地过自己的生活。

其次，重新定义自己。

想要治愈关系里受到的伤害，这个念头会驱使你不断地回到关系里。你希望对方承认他看错了你，希望对方修正对你的看法，好像只有这样，你才能从封印中解脱。可这就等于把定义自己的权力交给了对方。记住，没有人比你更了解你自己，所以，你才是自己的裁判。

每个人都有很多可能性，你的责任是为自己创造你想要的可能性。就算对方的评价有一定道理，它们也只能作为外界的信息，你可以接受，也可以拒绝。

如果要接受对方的评价，你可以告诉自己："我在一段糟糕的关系里确实会有这样的表现，但那不是根深蒂固的我。"

人最大的权力，就是定义自己的权力。无论如何，你都不能轻易把这个权力交给别人。

最后，寻找这段关系以外的支撑点。

关系是会发展的。一些曾经很重要的关系，可以慢慢变得无足轻重；一些新的关系，也可以逐渐发展成重要的支撑。我们在关系里的角色和位置，也可以不断改变。

刚脱离一段关系，你肯定会感到不习惯。就像青春期的孩子一直想要独立，但真的离开父母后，他们往往会被迷茫和脆弱笼罩。这时候，你就需要寻找新的支撑点。这个支撑点，也许是事业，也许是新的关系。在新的地方，有新的自我。

我有一位摄影师朋友被称作"灵魂摄影师"，因为她特别擅长抓住人的情感，并通过照片展现出来。她拍照的方式很特别，她会把客人带到一间昏暗的摄影棚里，像心理咨询师那样跟他们聊天，谈论他们重要的人生经历和故事，然后把客人展露最真挚情感的那一瞬间拍下来。很多人都觉得她镜头下的自己最有灵魂。

她是怎么走上这条独特的摄影道路的呢？最初，她只是一名全职妈妈，喜欢给孩子拍照。后来她遭遇了婚姻的变故，毅然选择离开。脱离婚姻关系当然很痛苦，但她告诉自己：我不要自己的人生被这样定义，我要有自己的事业，能支撑我和孩子的生活。

因为亲历了痛苦的脱离，她对别人情感上遭受的痛苦变得格外敏感。她把摄影的爱好捡了起来，又学了很多新东西，最终开创了自己独特的摄影风格，并将这件事做成了事业。

谈起这段脱离，她告诉我："我没有办法治愈关系的伤痛，也不知道怎么治愈它，它是慢慢愈合的。我唯一能做的就是拼命发展事业，直到它变成另一个能支撑起新自我的东西。"

脱离关系后，我们也许并不能直接治愈那段关系带来的伤痛，可是生命总会为自己找到出路——那就是新的自我。

● 转变工具：给重要他人写一段话

我在前面介绍过，好的关系提供的保护，为的是有一天当你足够成熟时，你能够离开这段关系。

但是，脱离一段关系总归很难。如果你正好面临关系的脱离，或者你身边的人正在经历这样的转变，这个工具能为你们提供一些思路。

任务

梳理这段关系，给重要的他写一段话。

提示

1. 曾经的这段关系给了你什么样的保护？又给了你什么样的限制？关系的变化背后，反映了你有什么样的自我需要？

2. 这段关系如何影响你对自己的看法？它客观吗？如果可以调整，你希望和这个人建立怎样的关系？有这种可能性吗？

3. 尝试用新的、更平等的角色给那个人写一段话。

用法

写下这段话之后，你可以发给那个人，也可以自己留着，甚至删除。

第七站
告别：让过去过去

23 告别过去为什么这么难

✳ ✳ ✳

除了关系的脱离，转变往往还需要完成另一个维度的脱离：时间上的脱离。有时候，只有告别过去，我们才能进入下一个阶段。

你是否做过这样的梦？在梦里，你失去的东西，失而复得了；你离开的人，还在原地；你一直后悔的决定，有了重来的机会。在梦里你有多欣喜，梦醒时你就有多惆怅。

哪怕没有学过心理学，你也会知道，当一些令人无法接受的失去发生后，过去会变成避难所。我的一个遭受了重要损失的朋友在朋友圈写道："我不要现在，我也不要将来，我要一直留在过去。因为过去有你。"这么多年，他一直没有走出伤痛。他把自己放逐到过去，哪怕现实过得潦潦草草，他也毫不在意。

留在过去，是人最倔强也最无望的坚持。有时候我们相信，如果一个人把注意力放在过去，他的想象在过去，他在意的东西在过去，那他就能生活在过去。那里有他未曾失去的东西，有他喜欢的自己。可是，人终究无法真的留在过去，因为那里没有现实。

当然，更多的人会劝说自己，过去的已经过去了，我需要活在当下，面向未来。

可是，转变期会出现一种奇特的分裂感。从事情本身看，你已经离开了过去，比如，你已经从公司离开，已经脱离了一段关系，已经有了新的职位……可是，从自我角度出发，你仍停留在过去，在迷茫中对自己到底是谁感到困惑。这种迷茫和困惑，又会让你想要向过去回望。

对于这一点，美国作家威廉·布里奇斯有一个比喻：一艘船离开码头，驶向另一个目的地，中途遇到了狂风暴雨，它想要往前走，却看不清前面的路，想要回去，却不知道码头已经坍塌，它再也回不去了。那个坍塌的码头，就是过去。

问题在于，我们的大脑并不知道码头已经坍塌了。或者就算它有所察觉，也不愿意承认、接受这件事。这时候，人们对过去往往有三种典型的反应。

反应一：是美化过去

人们总爱说过去的时光更美好，并为自己放弃了这美好的时光感到后悔、自责。

其实，真相未必如此。在迷茫中，过去会被美化，那些曾让人不舒服的细节会变成无关紧要的小事，被隐藏起来。可是有时候，正是那些让人不舒服的细节，促成了转变的发生。

我有一个学员文峰，之前在一所中学当老师。他觉得学校里的工作太细碎了，想要从事更有创造性的工作，就辞职去读了博士。可去了实验室以后，他产生了巨大的落差感——他从老师变成了一名再普通不过的学生。实验室里不乏琐碎的事情，博士生的收入更没法跟之前相比。尤其当他得知系里一个刚毕业的博士去了他原来的中学做老师后，他更是怀疑起自己的选择。

他开始频繁回想原来的工作有多好，既稳定，又受人尊重，还有寒暑假，好像当初促使他离开的理由都不成立了。他渴望回到过去，却发现回不去了。

我试图引导他理解过去的全貌，让他回想起原先工作中的限制，回想起当初想要实现的自我。可是他说："陈老师，我一直努力成为更好的自己，怎么反而越过越差了呢？"

很多人都会产生这样的疑问。可我想说的是，倘若你正处在转变期，现在的你也许就是不如过去的你。毕竟，一个破碎的、正在重建中的自我，怎么能跟过去完整的自我相比呢？再说了，就算现在真的不如过去，你也回不去了。你只有未来可去，没有过去可逃。

职业选择如此，关系也是如此。一段关系逐渐走向终结，必然是有原因的。如果两个人真的不合适，结束未必不是一个明智的选择。

我曾见过一个姑娘，她遇到了一个长相、工作、学历、家境各方面都很不错的男生。唯一的问题是，她在这段关系中的感受并不好。她觉得这个男生太自我了，完全不知道怎么照顾她的感受。比如去食堂买饭，她会告诉男生她喜欢吃什么，结果买回来的永远都是他自己爱吃的。

有一次台风天，打不到车，她想让这个男生开车接自己，结果他说："你到地铁旁的酒店开个房间算了。"诸如此类的生活细节层出不穷，让她觉得这个男生并不爱她。她见过父母恩爱的样子，总觉得自己跟那个男生在一起时没有那样的感觉，两个人还经常吵架。最后，她提了分手。

在一起时，内心的感受是最难忽略的。可是分开后，这种感受就很容易被扭曲、忽略。因为周围人都说她错过了一个好男人，她免不了开始怀疑，是不是自己太挑剔，做错了选择？是不是自己的感觉不对？越这样想，她就越失落，也越难从这段失去的关系中走出来。

我跟她说："内心的感受是很难被欺骗的。外在的条件只是关系的轮廓，而关系的内容来自日常互动的细节，这也是你感受不好的来源。那些细节就像鞋子里的小石子，虽然微小，但会持续让你不舒服。只不过现在你离这段关系远了，就只记得它的轮廓了。"

我这样说并不完全是为了安慰她。有些时候，出于对失去的恐惧，我们会理想化过去的关系。大脑好像成了记忆的剪辑师，把关系中所有好的片段都剪切下来，把关系里的背叛、伤害都给删除了。但是，那并不是现实。

反应二：否定和贬低过去

当意识到结束不可避免时，人们会通过丑化过去，让自己更好地完成脱离。这是另一种心理防御。

这种防御方式同样会造成问题。有时候，否定和贬低过去确实会让失去不那么痛苦，但它也可能让我们失去一些重要的历史，把自己变成单纯的受害者。

我曾经遇到一位来访者丁凯，他想跟女朋友结婚，可是他的母亲不同意。矛盾越闹越大，最后他离家出走，跟父母不再往来。

虽然我们需要脱离原生家庭，但是以这种方式脱离，常常会带来巨大的创伤。说起父母，他总是恨意难消，这种恨意在深深地折磨他。

我问他："原来在家的时候，你有过美好的记忆吗？"

他说："肯定有过，可是我不想提。我感觉我的头脑正在疯狂地篡改记忆，要把过去的美好都抹去。我想要完全忘记它们。"

忘记美好的过去，也许就不会因为失去感到痛苦。可是有时候，这也会让我们陷入愤怒和失落之中。我们不仅失去了跟当下的关系，还失去了那段重要的历史，以及那段历史里珍贵的自己。

当过去变成敏感的伤痛，我们会花很多精力让自己不去想它。这种压抑本身，就成了过去对现在挥之不去的影响。

我遇到过一位女士，当时她刚结束一段长期的婚姻。她努力按照原来的样子维持生活，却找不到生活的意义。

当我问她失去这段婚姻的影响时，她咬咬牙固执地说："没有影响。"

可是当我说"没有影响，就是最大的影响"时，她哭了。

明明失去了一个很重要的东西，怎么可能会没有影响呢？只不过我们不想看见这种失去，就去维持一种好像什么都没变的假象。可是，维持这种假象需要付出代价。它需要我们消耗大量的心力，去扭曲自己的感觉、隔离自己的痛苦、否定自己的过去、蒙蔽自己的眼睛。这就等于我们亲手把自己卡在这个阶段，不让人生继续向前发展。

反应三：弥补过去

有时候我们会告诉自己：失去的东西，未来一定会重新得到。

如果未来真的有办法弥补过去的失去，那无疑是一种幸运。可是很多遗憾其实是没有办法弥补的，执着于弥补过去，反而会让你心里永久地充满挫折感。更糟糕的是，我们失去的，未必是我们想要成为的自己。

我有一个在"大厂"做管理层的朋友，最初几年，他在"大厂"做得很开心。慢慢地，他开始觉得工作的限制越来越多，于是他便辞职了，想要做一些新的探索。可是每次尝试新的工作时，他又会怀念起"大厂"的高薪和受人尊敬的title（头衔）——这是他的损失。他告诉自己：没关系，未来我会再赚回来的。过一段时间，他会再辞职、再换新工作。虽然新工作的薪酬不差，可是，因为对弥补损失怀有执念，他迟迟没有办法开始探索新的自我。

离开一段关系后，我们会想要弥补，会下决心将来一定要找个更有钱、外貌更好的对象，然后苦苦寻觅，全然忘了最开始离开这段关系，并不是因为前任不够有钱、不够好看，而是我们不喜欢这段关系里的自己。

过去的失去，是需要慢慢消化的。如果你的目标是弥补过去的遗憾，那你的未来也会被过去的失去所决定。未来就会变成对过去的重复，你也很难成为你想要成为的自己。有时候，弥补失去不会造就一个新的自我，它只是过去的自我的延续。

24 如何与过去告别

✦ ✦ ✦

为什么跟过去告别这么难？说到底，是因为过去有我们难以释怀的失去、难以抚平的伤痛、难以割舍的人生经历，以及难以放下的自己。它们在不停牵动我们，让我们很难开启新的未来。

我一直在强调，转变是新旧自我的更替。无论有多难，我们都需要完成对失去的整合，再把目光从过去移开，创造新的未来。

接下来，我会介绍三个思路，帮你顺利告别难舍的过去。

思路一：把结束当作开始

转变期是生命特殊的节点，有时候我们只注意到已经是过去式的失去，却没意识到自己已经站在新未来的起点上。只不过，新未来还不够确定。但无论如何，用开始的视角代替结束的视角，能让我们更好地面对未来。

心理学家埃丝特·佩瑞尔曾经做过一个怎么帮助夫妻处理出轨难题的演讲。她说："在这个时代，很多人会经历多段感情或婚姻。如果把出轨当作你们上一段感情或婚姻的结束，现在你们愿意跟眼前这个人开始另一段感情或婚姻吗？"

结束，可以是开始的另一种形式。面临转变的危机时，你既可以说"我结束了一份工作"，也可以说"我开始了新的职业探索"；你既可以说"我结束了一段婚姻"，也可以说"我开始经营一个人的生活"。

哲学家刘擎曾说："每一天都是余生里的第一天。"这句话的意思，其实也可以理解为，每一个结束都是一个新的开始。把结束当作开始，有时候能让我们看到一些出路。这个出路并不一定是现成的，但它一定是面向未来的。

现在，你要怎么选择和决定新的未来？

思路二：跟自我和解

关于过去的种种遗憾，会把过去变成绕不过的参照点。我们总是拿它来对照现在，觉得自己做错了选择，并因此感到后悔和自责。

其实，这种想法背后隐藏着一个假设：如果我们更明智一些，就可能避免过去的错误。可是，这个假设只是头脑制造出的幻觉。

我有一位学员小斌，他在一家公司里埋头苦干了十年，凭借自己的努力和才能当上了总经理。接下来，他意识到自己在这家公司里职业上升的天花板已经清晰可见。他是一个有强烈成长动力的人，不想陷入舒适区，便跳槽到当时火热的某互联网"大厂"。

虽然做了一些心理准备，可是新环境的文化、价值观、工作节奏都让他很不适应。他开始不断回想以前的工作有多舒适、多受人尊敬，甚至还去问了前东家自己有没有回去的机会，可惜那个职位已经被别人占据了。

就算他后来的收入比之前高了一截，可在很长一段时间里，他还是后悔当初的选择，不停责怪自己。这种焦灼一度让他得了焦虑症。直到又经历了几份工作的变迁，他才慢慢静下心来。

在转变中，"后悔"是一件危险的事。它总是引诱我们逃往过去，却没法带我们去往未来。

在理智上，小斌预想的突破心理舒适区是一条不断成长的曲线，却没想到，真正的突破舒适区要从适应失去开始。他更没想到，失去会让自己如此痛苦。

我问他当初为什么想换公司。他说："那时候我还年轻，不想被限制在一家公司里，想去外面闯荡。"

我又问他后面的经历有没有价值。他说："有的。后来不仅成长了很多，阅历也更丰富了。"

我接着问："如果没有后面这些阅历，你还在原来的公司，你猜你现在会怎么想？"

他说："也许我还是会不甘心，想出来。"

我说："如果是这样，后悔不代表你做了错误的选择，只代表那时候你没有足够的切身体验来理解这个选择，可现在你有了。回望过去，你觉得还是第一份工作最好，这个理解本身正是后面的经历带来的。因此，这就是成长的一部分。"

他想了想，说："是的。这不是错误，我在那时候已经做了最好的选择，只是代价实在太大了。"

无论代价多大，有些事，一旦错过，就没法退回去了。就像我们觉得童年美好，却不想退回到小朋友的状态一样，我们只能接受后面的经验带来的改变。它不是错误，是成长需要经历的必然。这么想，也许你就能放下过去，跟自己和解。

思路三：重新整理过去

没有过去，你就没有历史；可如果只有过去，你就没有未来。虽然我们要放下过去，但不得不承认，过去是我们的来处，是自我很重要的一部分。

还记得前面讲过的丁凯吗？他为了跟女友结婚，跟父母断绝了来往。当我问他在原生家庭里有什么美好的过去时，他说："我的头脑正在疯狂篡改记忆，让我删掉所有跟父母有关的美好记忆。"

他其实面临着一个难题：如果要保留这些记忆，他就要承认父母对自己很重要；如果不保留，他就会失去自己的过去。

我告诉他："保留过去的美好记忆，不代表你要改变对他们的看法，更不代表你要原谅他们。它只意味着人是会变的，关系也会变。

"从你跟他们分开开始，所有事情都跟他们无关了，连过去的历史也跟他们无关。这是你的记忆，不是他们的记忆。既然这是你的过去，你就有权力用自己的方式来整理它。

"寻找过去是为了从关系中解脱出来，独自理解自己是谁。现在你有了看待和处理过去的权力。整理过去，既不是为了否定过去，也不是为了舔舐伤口，而是为了理解我们自己，是为了面向未来。"

我曾遇到过一对夫妻，两个人是彼此的初恋，十九岁就在一起了。后来他们俩成了家，有了孩子，有了自己的事业。不过，他们的婚姻里除了幸福，还有很多伤害和痛苦。两个人都想把伤害放下，可是怎么都做不到。

有一天，妻子又想起自己在婚姻中受的伤。她哭着说："我真想回到十九岁，去跟十九岁的自己说：'快跑快跑，这段关系会让你受伤。'"

我问她："那个十九岁的你会说什么呢？"

她说："我不知道。"

我想了想说："她也许会对现在的你说：'谢谢你，可是，我已经做了现在能做的最好的选择。你们俩要努力，不要让我的选择变成错误，不要让将来的我为这个选择后悔。'"

我们总说，过去不能改变，你的现在决定你的将来。其实过去是可以改变的，你的现在也决定你的过去。它不会改变过去发生的事，但它会改变这件事的意义，改变你看它的眼光。

所以，你也要加油，不仅为了你的将来，也为了你的过去。

● 转变工具：过去的告别式

空间上的脱离发生之后，我们还需要另一种维度的脱离——时间上的脱离。有时候，只有脱离过去，我们才能进入下一个阶段。这个工具就是要帮你从心理上跟过去做个告别，从而更好地迎接新生活。

任务

请你为自己举办一个"告别仪式"，好好跟过去做个告别。

提示

找两件跟旧自我或旧关系有关的象征物。一件代表过去中你想告别的部分，一件代表过去中你想保留、纪念的部分。

写一段告别词，去一个跟旧自我或旧关系有紧密联系的地方（比如你以前工作的地方），把这两件东西放下，认真跟它们告别。

完成告别仪式之后，把象征告别的物件留在那里，把你想留作纪念的物件拿回来，妥善收藏起来。

第八站
黑森林：在迷茫中前行

25 越害怕不确定，越焦虑

✳ ✳ ✳

我们都知道刻舟求剑的故事：有个楚国人坐船过河，中途佩剑掉进河里，别人提醒他快下去捞，他却不慌不忙地在船上刻了一个记号，说等船靠岸后再捞也不迟。

很多人都以为，这个楚国人的问题出在认知上，他不知道船在动、掉的剑却没有动的道理。但我觉得，错误的认知背后，有很深的心理动力。也许是这个人知道，他就算跳下船去，也未必捞得到剑，而这把剑对他而言太珍贵了，他没有办法面对自己可能失去这把心爱之剑的事实，才固执地不想面对未知。

在转变的某个阶段，我们需要带着失去的痛楚去面对未知。

《人生十二法则》①的作者乔丹·彼得森教授曾用中国的阴阳来解释转变的历程。

在阴阳图案里，白色的那一半象征着生活中稳定的、有秩序的部分。可一个人如果长期生活在白色之中，他的生活和心灵就会变得苍白、僵化、无趣。所以，白色区域中有一个小黑点，代表确定中的不确定，那是生活中的变化的来源。

黑色那一半则代表了危险、混乱、失控。如果一直处于黑色之中，任何人都会感到不安与焦虑。所以，黑色中又有一个小白点，它代表的是不确定中的确定，那是新的、稳定的结构。

彼得森教授认为，黑白之间那条模糊的路，就是所谓的"道"。

自我转变正是这样一条模糊的"道"。我们已经告别了旧的生活、旧的自我，离开了稳定的白色，必然会踏入充满变化和不确定的黑色。

童话故事中总会有这样的情节，主人公离开自己熟悉的地方，进入黑森林，去寻找"我是谁"这个问题的答案。如果我们过于害怕不确定，就只能在黑森林的边缘一边望着回不去的村庄，一边踟蹰不前，永远没有办法开始寻找自我的冒险。

"黑森林"是一个极富深意的隐喻，它象征着未知、神秘和冒险。

---

① [加]乔丹·彼得森：《人生十二法则》，史秀雄译，浙江人民出版社2019年版。

黑森林里蕴含的不确定，至少涵盖两个层次的含义：一层是事情本身的不确定，另一层是新自我的不确定，也就是我们对自己想成为什么样的人感到不确定。

先来看第一个层次——事情本身的不确定。在原先的生活里，可能一切都是有序的、可预测的，就算碰到问题，你也能通过自己的努力解决；而一旦踏入黑森林，一切就都变得无序、不可预测，你不知道自己接下来会遇到什么，也难以预料行动会引发什么后果，你不得不重新理解这个世界。

我有一位学员雅丽，她从名校毕业后的第一份工作看起来很不错，她在公司里也很受领导赏识。不幸的是，那是一家P2P（点对点网络借款）公司。她工作了几年后，这家公司就随着P2P泡沫的破灭倒闭了。

之后，她先是花了一年的时间脱产准备司法考试，但这不是为了找相关的工作，只是为了堵住父母唠叨的嘴。后来她又尝试了几份兼职，全都不了了之。

眼看着同龄人在职场上越走越远，雅丽越来越焦虑。她花了很长时间分析自己的优势、劣势，找很多人聊天，学很多东西，却没有办法做一件最简单的事——写一份简历投出去。因为她不断告诉自己：我已经犯过错了，绝不能重蹈覆辙。她不仅对工作的恐惧越来越深，对自己的怀疑也越来越重。

我问她希望我帮她做什么。她说："我就希望能有个权威告诉我，这次只管去试，这一次，一定不会失败了。"

我当然没有办法成为这个权威。我问她:"如果有个权威不是告诉你这次一定不会失败,而是告诉你去尝试,总会有更多的机会,这有用吗?"

"没用,"她说,"这样还是有太多不确定。"

也许是之前那次职业挫折带来的恐惧太深刻,令她太害怕失败,非要消除所有不确定,她才能迈出尝试的脚步。可是她没有意识到,真正的出路就在不确定里。如果不去主动尝试一些不确定,那唯一能确定的结果就是,她会持续内耗,找不到转变的可能性。

对于特别重视的东西,我们会本能地想要消除不确定,甚至希望在确保一切万无一失后才采取行动。可是不确定永远存在,就像运气或命运,这个世界并不是所有事都受我们的控制。

有时候,人因为过于相信自己的控制能力,会陷入两种极端表现:要么过度准备,要么过分自责。过度准备是因为人们坚信,只要自己准备好,就能消除不确定;过分自责则是因为人们认为,一切不如意的结果都源于自身的错误。这两种表现背后都隐含了同一种假设:我能够控制一切。但事实并非如此。

其实,过度准备和过度自责都是对自身控制力的盲目相信。这背后存在一种焦虑:**不相信自己有能力应对不确定的焦虑。**

经常有人问我:"老师,我想要转变,可是我很担心自己没有能力应对,怎么办?"

每当这时,我都会告诉他们:"你当然没有能力应对。能力是你面对不确定的挑战时逐渐长出来的东西。现在，你都没有面对挑战，能力从何而来呢？"

当你开始直面不确定时，**你会经历第二个层次的不确定——新自我的不确定**。尽管我们期待长出一个新的自我，可是，不确定引发的焦虑常常会让我们重拾原来的应对方式，无法做出真正的改变。

我有一位来访者晓璐，她从小到大一直活在对未来的焦虑中。不过，焦虑除了带给她烦恼，还帮助她考上了好中学、好大学，帮她找到了一份好工作。于是，她一边焦虑，一边幻想有一天能过上轻松自在的日子：弄弄花草，读读闲书，看看剧，学学厨艺，到处旅游……

后来由于某个契机，她辞去工作，获得了人生中第一段无所事事的闲暇时光。由于之前的储蓄足够支持很长一段时间的生活，她对自己说："我该好好享受生活了。"

不工作的第一天，她先是买了很多花草，然后在午后的阳光下读一本小说，还发了一条朋友圈。第二天，她添置了新烤箱，做了一个比萨，又发了一条朋友圈。第三天，她想再做点什么，却忽然焦虑起来。

过去她的焦虑有一个去处，就是工作，可是现在她不知道该如何排解焦虑。她总觉得自己会错过什么，或者正在错过什么。她开始想：我这样休息，是不是太不上进了？我会不会很快就被时代淘汰？在这种焦虑下，时间变成了负担，本该让人放松的休闲活动开始变得索然无味。

我试图让晓璐理解，这种焦虑并非来自客观的处境，而是来自她的内心。过去那种快节奏的、竞争激烈的生活，塑造了她的旧自我。即便现在的环境变了，可是旧自我依然存在。享受生活，是她需要学习的新东西。

但她坚持说自己的焦虑来自外部条件："如果实现了财富自由，那我就能真正享受生活。"

于是，她又找了一份快节奏、竞争激烈的工作，一边焦虑，一边憧憬财富自由以后的闲暇时光。

晓璐的案例虽然有些极端，却代表了转变期的一种普遍情况。起初，我们只是想拥有一些控制感，最终却回到了过去，仅仅因为我们熟悉过去。就像一个刚离开一段关系的人，马上又找了一个跟前任相像的恋人；或者一个刚离开不喜欢的工作的人，马上又找了一份相似的工作。

这时候，我们没来得及问自己的是：**我抓住这个东西，究竟是因为它适合我，还是因为我现在特别需要一种确定感？**

如果是因为适合，那就恭喜你；如果只是为了得到一丝确定感，那它就不能帮你完成转变，只是暂停了转变的历程。

很早之前，我听过一个故事。在缅甸，猎人有一种奇特的捕猴方法，就是在猴子出没的森林里放一个开口很小、装满花生的葫芦。猴子总是会贪心地抓一大把花生，结果手鼓得没法拔出来。

这时,猎人走近,猴子急得乱跳,可越是着急,手抓得越紧。猴子完全忘了可以把手里的花生丢掉。

有时候,面对不确定,我们的应对方法也是紧紧抓住手里的东西,却没想过,真正能让我们获得解脱的,恰恰是学会放手,拥抱不确定。

26 应对不确定的三种思路

✲ ✲ ✲

转变期的不确定让人焦虑,甚至可能让人停下转变的脚步,退回过去。也许你想知道,有什么方法能帮我们应对这种不确定呢?我有三种思路,供你参考。

思路一:用好奇代替焦虑

面对未知和不确定时,除了焦虑,我们往往还会有另一种反应,那就是好奇。好奇同样是对未知的反应,不同之处在于,它用探索替代了防御。

焦虑往往源于对未知威胁的想象。走进黑森林后,我们看不清前路,还要小心防范路上的"妖魔鬼怪",这当然会引起焦虑。但这会引发一个问题:在不确定中,我们容易夸大危险的程度,而忽略好的可能性,更无视自身的适应能力。你有没有想过,黑森林里除了妖魔鬼怪,会不会也有精灵、宝藏?路上你会不会遇到一些未曾想过的好事?你会不会发掘出某些自己从没预料到的能力?不确定除了让你焦虑,里面有没有让你好奇的部分呢?其实,好奇本身就可以冲淡焦虑,只是被不确定掩盖掉了。

我曾有一个从国外留学回来的来访者，他叫向斌。由于一直从事自己不喜欢的工作，他的情绪最终出了问题，陷入了抑郁。经过长时间的纠结，他决定申请国外的博士学位。

这对他来说是一个重大的转变。做决定前，他很担心："如果我去国外读书，又抑郁了，该怎么办？人生地不熟的，遇到困难，该怎么办？万一学业压力太大，毕不了业，该怎么办？"

我对他说："对，你担忧的这些都有可能发生。可是，你只想到了可能的危险。你有没有想过，在新的城市里，你会不会经历一些新的体验？你会不会遇到一些有趣的人？你会不会进入一个让你激动的学术领域，做出你想要的研究成果？你会对这些未知的可能性好奇吗？"

听我这样说，他点了点头："我也有一些好奇，但我不知道自己有没有能力去应对。"

我说："这不是能力的问题，而是想象力的问题。人只能想象那些危险的事情，却很难想象自己怎么去应对它们。要想增长出新的能力，只能走进你不熟悉的未来。"

后来，向斌去美国读博时确实遇到了很多困难，但同时也遇到了很多意想不到的资源，帮助他去应对困难。这段经历给了他很多历练，让他成了一个很不一样的人。

未知会激发我们的力量。最开始，我们对未知不够熟悉，不知道怎么去应对。当我们熟悉它之后，应对未知的力量就逐渐成了自我的一部分。所以，直面未知的过程，也是我们寻找自我力量的过程。

思路二：在不确定中创造确定性

失去一份工作、一个目标或一段关系后，我们的生活就像失去了一个锚点，飘到了空中，再也没有外在规则告诉我们该做什么、不该做什么。我们自己也觉得一切都变得无关紧要，做任何事都没什么差别，做任何事都不会有人在乎。

为了避免这种虚无感，有时候我们需要刻意制造一些确定性，给生活增加新的锚点。

我有一位经历过转变期的朋友，他制造新锚点的方式是，把老家的狗接过来跟自己一起生活。他本来就单身，又离开了熟悉的工作，变得无所事事。陷入抑郁时，他甚至一动都不想动。但是，狗是需要遛的，他只好勉强支撑着起床。这个强迫性的任务帮他建立了一个基本的日常。如果你不想养小动物，也可以养一些植物，隔段时间给它们浇浇水。照顾生命，本身就是帮助你找回生活活力的办法。

创造确定性还有其他形式。比如，预约心理咨询，你需要在特定的时间、地点跟特定的人谈一些特定的主题。再比如，我会建议喜欢宅在家里的朋友抽些时间去图书馆看书，让公共空间提供一种确定性。

这种确定性，不是用来代替生活真实的不确定，但它却能给我们带来掌控感。有一段祈祷词是关于确定性的："上帝，请赐予我平静，去接受我不能改变的；请赐予我勇气，去改变我能改变的；请赐予我智慧，分辨这两者的区别。"

古老的哲学流派斯多葛主义应对不确定的办法，也是异曲同工。它把所有事情分成两类：我们能控制的和我们不能控制的。我们需要训练自己专注于能控制的事情，而不是不能控制的事情，无论我们能控制的事情有多渺小、不能控制的事情有多重要。有时候，这么做并非为了改变事情的发展方向，而是为了找回我们内心的确定性和控制感。

思路三：进入过程而非关注结果

面对不确定时，人们最容易关注结果。比如，这件事我能做成吗？这件事有用吗？它能帮我找到工作吗？然而，结果往往不受你的控制，你能把握的只有是否投入事情的进程中去。

就像下棋，你当然想要赢，这是结果。但是当你真正进入棋局，每次你能做的，只是下其中的一步，而外部世界会根据你的棋，给出它的反应。这个反应有时候在你意料之中，有时候在你意料之外，而你能做的，只是继续下你的一步，等着外界再下它的那一步。

让一件事延续下去，有时候甚至比结果本身更重要。作家史铁生在《命若琴弦》[1]这本书里讲了一个小乐师的故事。小乐师得

---

[1] 史铁生：《命若琴弦》，人民文学出版社2008年版。

了一种病，眼睛要瞎了。这对于这个年轻人来说，当然是一个很大的失去。他万念俱灰，甚至失去了活下去的勇气。他的师父，一个老乐师告诉他，这个病其实是有法子治的，但需要一个特别的药引子，得弹断一千根弦才能得到。

人在绝望的时候，任何一丝希望都想牢牢抓住。小乐师真的就不停地弹，不停地弹。当他弹断第一千根弦的时候，他变成了一位老人。他的技艺有了很大的长进，他作为乐师的一生也接近了尾声。他拿着师父给的药方，去药店里抓药。结局你可能猜到了，那不过是一张白纸。

这个故事讲的是什么呢？当我们失去一样东西的时候，我们总想要弥补它，就像这个故事里失去光明的小乐师。有时候，我们需要一个希望，能够让我们的生活继续。当生活继续下去，你会发现，治愈你的不是这个希望所承诺的结果，而是它所引发的让你愿意投身其中的过程。师父的这个药方没有治好小乐师的眼病，却治好了他的心病。

可是如果继续深想，这个故事里也许还有一些别的东西。当这个乐师从少年变成老年人，发现一生的追求不过是一个谎言，他会觉得人生荒谬吗？会质疑这样的人生值不值得吗？在漫长的弹琴过程中，他会怀疑师父说了谎吗？他是会选择相信师傅，还是选择拆穿他？如果有人也对你说了一个这样的善意的谎言，让你的人生能充满希望地继续下去，你会接受这个谎言吗？

谎言里也有真的东西。就算谎言里的承诺是假的，可那种善意是真的。这就是不确定中的确定性，它能带来人生的转变。

我曾接待过一位来访者，他找到我时，正在经历事业和婚姻的双重转变。

他说："老师，这段时间我读了很多悲观主义哲学的书，觉得人生本质上不值得过。所以，我觉得重新开始工作、重新建立家庭不过是人生的谎言，我实在提不起劲来。可是什么都不做，又很没意思。"

于是，我就跟他讲了《命若琴弦》的故事。我说："也许你说得对，人生本来就没有意义。可如果有这样一个理由能让你的生活继续下去，你要不要接受它？如果没有人给你这样的谎言，你会自己编一个谎言，并让自己相信吗？"

我讲了转变的种种历程，可是在这里，我想问你：如果这本书中关于转变的历程也是一个谎言，可是相信它，就能激起你的希望，帮你走进新的生活，你会愿意接受这个谎言吗？

27 如何跨过迷茫和重生的分界线

✳ ✳ ✳

威廉·布里奇斯认为，转变需要经历三个阶段：结束，迷茫，重生。也许你会问：迷茫和重生的分界线到底在哪里？

这条分界线，不是由某件事情决定的，而是由你的关注点决定的。当你逐渐接受那个失去的旧自我，转到新的世界中去寻找资源、发挥能力、创造新的可能性，你就进入了重生期，开始在新世界中创造新的自我了。

跨过这条线的转身是艰难的。其中最难的，是意识到自己不能回头了。不能回头，你才会面向未来去创造新的可能性。

前文我曾讲过小斌的故事。他在一家公司奋斗了十年，坐到了总经理的位置，又跳槽到某互联网"大厂"，却很不适应。他很难接受，努力奋斗的未来可能还不如不需要怎么奋斗的过去，因此迟迟没有办法适应眼下的生活，甚至得了焦虑症。

可是后来，他还是进入了新的现实。他是怎么做到的呢？在那个时候，他告诉自己："我没有选择了。如果我再辞职，就没有人要我了。"

"没有选择"未必是事实，但这样的决心让他能够沉下心来，去适应新的工作。

人不能总是在选择的阶段纠结,已经选择了,就要照着自己的选项,去努力创造新的现实。

那要如何完成从告别过去到转向新世界的转身呢?我觉得有三件事是重要的,它们跟选择有关。

第一件事:做出选择

选择之所以难做,有时是因为我们害怕错过一些可能性,担心自己选的结果不是最好的。可是你有没有想过,有很多可能性并非是选择带来的,而是做出选择之后,通过深入经营这个选项,创造出来的。

我们当然应该慎重对待选择,可如果你因为害怕选错而不做决定,错过的反而会更多。在事业中不做选择,你就会在不同领域浅尝辄止,错过深耕某个领域的机会。在感情里不做选择,你就会在不同感情里游荡,只能和别人发展浅层关系,错过建立深度联结的机会。

电影《世界上最糟糕的人》的主人公朱莉是个活在现代西方思想成就塔尖上的女性,她能依据自身的感受自由地选择学业和工作,周围的人也给予她选择的空间。她先是考入医学院,可是嫌做手术太具象,认为自己对人的灵魂更感兴趣,于是改行做心理咨询师。没几天,她又觉得自己对视觉表达更有感觉,要转做摄影师。当然,最后她一件事都没有做成。

朱莉在两性关系上也很自由。她原本有个事业有成的男友,男友想和她组建家庭、养育孩子,并且很尊重她的人生规划。但她选择去和另一个男人玩儿出轨游戏,最终与男友分手。

作家贾行家曾经这样评价这部电影:"把追求自我的正当性放到无穷大的后果是:当一切都可以选择时,一切都不重要了,因为轻飘飘而失去了该有的色彩、该有的意义。"

在我看来,朱莉看似做了很多选择,其实是在逃避做真正的选择。因为选择是要跟承诺相匹配的,而承诺必然是沉重的。有时候,隐藏在"很多选择"背后的内心动机是不想做选择。

要知道,选择的意义在于我们愿意深入某一件事(或某一段关系),而为之舍弃其他。以随意选择的方式去逃避真正的选择,这背后有对失去的恐惧,有对投入却得不到足够回报的恐惧,有因深爱一个人而害怕被抛弃的恐惧,有深爱一件事而求不得的恐惧,有被限制的恐惧……种种恐惧会让我们以自由意志的名义拒绝看到现实,不愿做出选择。

有时候,只有做出真正的选择,自我的发展才能进入下一步。

第二件事:忠于承诺

做出选择后,我们就要深入这个选项中,接受它的限制,这是我们做过的承诺。当然,这并不意味着这个选择完全不能改变,可伴随选择所做的承诺,理应有足够的重量。

我有一个学员梅子,结婚不久后,她突然得知先生得了重病。当时,他们的婚姻还处于磨合期,两人平时总有些小吵小闹。有一天，先生去体检，发现自己患了可能危及生命的重病。

得知这个消息后，梅子陷入慌乱，不知所措。本来她跟周围的同龄人一样，正满怀希望地为未来打拼，刹那间，好像只有她一个人被抛到了动荡不安的世界里。她不敢再去见同学、朋友，受不了他们同情的目光。在这种压力下，她动过跟先生离婚的念头，可又没有办法接受在危机关头抛下先生的自己。

她在孤独中做着选择，没有人能给她建议。我不能，她的父母也不能。他们既不能建议她为了自己远离婚姻，也不能建议她为了忠诚牺牲自己。两位老人只能在担忧中劝慰女儿："无论你做什么选择，我们都支持你。"

在挣扎了一段时间后，梅子做出了自己的选择。她说："无论我以前跟先生的感情如何，现在，我都愿意跟他共渡难关。他在积极治疗，我也不能放弃他。

"以前我是温室里的花朵，发生什么事都是别人来保护我。我从没想过，婚姻刚开始不久，就要经历这样的风雨。换作以前的我，一定想逃走，想重新做选择，但是现在我想清楚了，无论结果如何，这是我的命运，我需要承担。

"选择承担命运的重担后，我反而获得了一种平静，开始努力经营我们夫妻俩的生活，在治病的间隙为彼此创造一些快乐。我好像找回了恋爱时的感觉，跟先生的关系更好了。"

我没有办法赞同或反对她的选择，就如同没法给她建议，我只能默默地带着敬意祝福她。

而你能从梅子的经历中看到某种动人的东西：忠于承诺带来的生机和希望。这种希望会帮她调动潜力，去适应新的生活。

第三件事：以当下为基点去寻找新的资源，创造新的可能性

有时候，我们只有先接受旧世界的失去，才会去寻找新世界的资源。就像小梅，正是先选择了要跟先生共同渡过难关，她才开始经营两个人的生活和感情。

这种创造新的可能性的冲动，是我们创造新世界和新自我的基础。很多时候，它并不来自外在的要求，而来自我们最深层次的生命本能。

我的朋友建家原本在教培行业创业，他的公司顺风顺水，正准备上市，却因为外部环境的变化陷入危机。他对忽然变化的世界产生了巨大的愤怒，伴随愤怒的还有恐惧和迷茫。那时他不知道未来会变成什么样子，不知道自己的奋斗还有什么意义，他也不能理解，为什么自己如此倒霉。

他想过放弃，可一想到自己做这份事业的初衷，又舍不得，只能咬牙坚持。直到公司的经营状况有所改善，他忽然萌发了新的兴趣，想要在新的环境下创造一些新产品。他发现，就算外部环境改变了，还是有些小公司做出了有趣的产品。

他感慨道："一种久违的冲动在我心里复苏了。我不再只是沉溺于痛苦和愤怒中，我想看看，在新的世界里，我能创造什么样的机会和可能性。"

我问他是怎么跨过这一步的。他想了想说:"我发现,放下愤怒、接纳现实和看到新的可能性,这几件事几乎是同时发生的。如果没能放下愤怒,也许我就没有心理空间去看到新的可能性。"

这是很深的洞察。为什么放下愤怒才能看到新的可能性呢?简单的解释是:如果处在愤怒和失落中,我们的心就没有空间去关注新的可能性。

更复杂一点的解释是:这两种心态背后是两种完全不同的角色,一种是受害者,一种是创造者。愤怒时,我们在潜意识里把自己定位成受害者的角色。这种角色的重点是去证明自己所受的伤害有多重,而不是去寻找机会和出路,因为我们还不能原谅那个伤害自己的对象。新的机会和出路似乎代表我们的伤已经好了,代表我们已经原谅伤害我们的人了,这是对我们过去所受伤害的背叛。

如果是这样,我觉得,我们需要对"伤害"和"可能性"做一个区分。努力创造新的可能性,不代表我们没有受伤害,也不代表我们选择原谅,它只代表我们从过去的关系中解脱出来,要为自己寻找新的未来。过去的伤害还在,但不再是重点了,我们要创造的未来才是最重要的。

如果跨出了这一步,慢慢地,你会发现,就算失去了那么多,生活中还是有很多资源可以利用,哪怕那些资源微不足道。你会发现,没有成功,也没有所谓的失败,没有得到,也没有所谓的失去,有的只是人不屈不挠的创造力。那根植于我们生命中永不停息的创造力,会一直为你创造新的可能性。

● 转变工具：寻找不确定中的确定性

新旧自我的转变总是包含很多不确定，这个工具会帮你在不确定中找到确定性。

任务

从三项不确定中找到确定性。

提示

1. 列出三项你生活中最担心的不确定。

2. 寻找每项不确定中相对确定的部分。

3. 思考你能做什么来增加这三个不确定项中的确定性。

4. 尝试做一件能增加确定性的事。

现在，你已经走完了自我转变的第二阶段：脱离旧自我。

也许你正在经历目标、身份或关系的失去，也许你正因为前方的种种不确定感到犹豫、迷茫。无论你有什么样的感受，都可以扫描左侧二维码，在树洞中写下留言。在这里，你还可以看到其他人的故事。

第三阶段
踏上新征程

古希腊神话里，英雄忒修斯要进入一个巨大的迷宫，去杀死牛首人身的怪物弥诺陶洛斯。爱慕他的公主给了他一把魔剑和一个线球，让他把线球的一端拴在迷宫的入口处，然后放开线团，走向迷宫深处。等他杀死怪物，就可以沿着线团的方向，走出迷宫。

在转变期，我们也深入了自我的迷宫。好在命运早已布下线团，指引我们找到最终的出路。

第九站
遗产：旧自我的资源

28 旧能力的新应用

✳ ✳ ✳

经历了响应召唤和脱离旧自我这两个阶段的你，已经做出了最艰难的选择，也慢慢告别了旧自我。在经历很长一段时间的迷茫后，也许你的新自我已经开始萌芽，一些有生命力的东西开始萌动。就像大病初愈后的身体，虽然还很虚弱，但是正在恢复元气。此时，自我转变的旅程走到了第三阶段：踏上新征程。

不过，告别旧自我并不意味着你完全抛弃了原来的自我，你告别的只是束缚了你自己且不为现实所接纳的那部分自我，这是为了让隐藏在旧自我中的、新自我的种子长出来。

可以说，新自我是从旧自我的土壤里长出来的、更能适应新现实的自我。在踏上新征程之前，整理旧自我的资源就变得格外重要，因为它们是新自我成长的根基。

那么，什么是旧自我的资源呢？它包括你原来的经验、能力、才情、抱负、关系、理念等，它们是旧自我中你最珍惜的部分，是旧自我留下的遗产。现在，它们已然成为你重建自我的基石。

很多身处转变期的人都会心生一个疑问：我在原来的工作和生活中发展出了很多能力，现在，工作和生活已经发生了改变，这些能力还用得上吗？

也许具体的、跟特定情境高度相关的能力已经用不上了，但有种能力并不会随着外在变化而消失，相反，它会在新的情境中散发新的光芒，那就是产生能力的能力，我把它称为"元能力"。

所谓的"元能力"，是自我的适应能力。它不仅包括沉淀下来的工作经验和技能，还包括抽象的渴望、情怀、抱负、价值观等，那些更接近自我本质，也更能定义我们自己的东西。它不仅能牵引我们克服困难、踏入未知，还会帮助我们以自己的方式学习和适应新的情境，与他人建立联系，创造属于自己的意义。

"元能力"是自我最底层的创造力，是"成为自己"的生命本能，还是旧自我留下的最宝贵的遗产。

这种"元能力"是如何应用到新现实中并创造新自我的呢？让我用两个著名的转变案例来说明。

第一个是《哈利·波特》的作者J.K.罗琳的例子。她的转变故事，不仅仅是一个从贫困到富有的传奇，更是一个关于如何在绝望中坚守自我、在黑暗中寻找光明的深刻寓言。她的故事之所以打动人心，是因为它触及了人性最深处的挣扎与希望。

罗琳的童年并不算幸福。她的家庭关系复杂，父母的关系又很紧张，于是她选择用想象力构建一个现实以外的世界。她甚至给妹妹编造了一个关于"兔子一家"的系列故事。丰富的想象力和对故事的痴迷，成为她"元能力"的萌芽。

然而，跟很多人一样，她在成年后并没有得到太多施展才华的机会。父母觉得她想写小说的梦想过于不切实际，认为她应该老老实实学一个容易找到工作的专业。作为妥协，她放弃了英国文学专业，转而学了现代语言。不过，等父母一离开学校，她就改学了古典文学。正是在研究古典文学的过程中，她接触到了大量的希腊神话，这为哈利·波特的故事提供了最初的思想源泉。

毕业后，她先后找了秘书、研究员的工作，但都做不长久，因为这些工作没法给她真正的归属感。在从伦敦去曼彻斯特的火车上，她萌发了写作哈利·波特故事的灵感。但业余的写作，总是时断时续。

1990年，罗琳的生活发生了剧变。先是母亲因病去世，紧接着，她自己的婚姻陷入了危机，最终以离婚告终。结束这段短暂而痛苦的婚姻后，她带着年幼的女儿杰西卡搬到了爱丁堡，住在政府救济的公寓里，靠着每周六十九英镑的救济金生活。冬天的寒冷、经济的窘迫、孤独的侵蚀，几乎让她失去了对生活的信心。

她在哈佛大学的演讲中提到了那段经历："最终，我们所有人都必须自己决定什么算失败，但如果你愿意，世界是相当渴望给你一套标准的。所以我想很公平地讲，从任何传统的标准看，在我毕业仅仅七年后的日子里,我的失败达到了史诗般空前的规模:短命的婚姻闪电般地破裂,我又失业,成了一个艰难的单身母亲。除了流浪汉,我是当代英国最穷的人之一,真的一无所有。当年父母和我自己对未来的担忧,都变成了现实。按照惯常的标准来看,我也是我所知道的最失败的人。

"那段日子是我生命中的黑暗岁月,我不知道它是否代表童话故事里需要历经的磨难,更不知道自己还要在黑暗中走多久。"

那段人生最黑暗的时光让她抑郁,但也让她获得了做自己想做的事情的勇气。

她说:"失败意味着剥离掉那些不必要的东西。我因此不再伪装自己、远离自我,而重新开始把所有精力放在对我最重要的事情上……我获得了自由,因为最害怕的事情虽然已经发生了,但我还活着,我仍然有一个我深爱的女儿,我还有一台旧打字机和一个很大的想法。困境的谷底,成为我重建生活的坚实基础。失败使我的内心产生一种安全感。失败让我看清自己,这也是我通过其他方式无法体会的。"

再也没有其他选择了。失败反而给了罗琳勇气去做自己。丰富的想像力,应对失败的经验,还有在痛苦中获得的感悟,都作为"元能力"被罗琳应用在《哈利·波特》的创作上。而她过往的生活经历,无论是失去母亲的痛苦,还是与抑郁症斗争的经历,都化作故事里动人的篇章。

我想讲的第二个案例是褚时健的故事。开始种植褚橙前,这位曾经的"亚洲烟王"、昔日风光的企业家,不仅失去了心爱的女儿,还身陷牢狱之中。因为严重的糖尿病,他被允许保外就医。那时候他已经是七十四岁高龄了,生命似乎没有留给他足够的时间东山再起,仿佛这潦倒的晚年就是故事最终的结局。

告别昔日的光环,告别簇拥的人群,他和老伴回到了当年做知青时的哀牢山。人在绝境中,往往会回到过去,寻找原点。哀牢山是他起步的地方。正是在那里,他承包了一家工厂,开始了企业家的生涯,发展出他后来作为企业家的能力。

刚回到哀牢山的褚老想做一些事,却不知道该做什么。很多烟草厂请他当顾问,他都拒绝了。也许在他眼里,重操旧业不过是旧自我的延续,并不是他渴望的新自我。他想要一个新的开始,甚至还想过卖云南米线,但由于实在不熟悉,加上身体吃不消,就打消了这个念头。

他为什么会想到种橙子呢?偶然的原因是,一位亲戚看望他时带了自己种的橙子,他觉得好吃,就留下了印象。而必然的原因是,他在经营"红塔山"香烟时就有过烟草种植的经验,这是他工作中最有成就感的部分,也是他旧自我中重要的资源。

种植作为旧资源,一下子有了新的意义。对于经历过挫折的人来说,还有什么比播下种子、收获果实更能代表希望和重生呢?

经营烟草厂的能力也许不能复用,但褚老作为创业者和企业家的严谨、认真、勤奋都能复用。曾经的辉煌已经成为过去,但他成功过，深知怎么做事最可能成功。这是他现在能运用的"元能力"。

为了种出好橙子，褚时健床头的书有一人多高，全是关于橙子种植的。他经常通宵达旦地读书，每本书都标注得密密麻麻。

他坚持用有机肥料。为了挑肥料，他经常蹲在养鸡场的地上，把臭烘烘的鸡粪放在手上捻来捻去。眼神不好的他，几乎是把鸡粪贴在脸上进行观察。

果苗还小的时候，他常常蹲在地上观察它们的生长。后来，蹲下去就站不起来了，他就站着看。站都站不住了，他就坐着，在分枝挂果的时候，让人拨开树叶、露出果子给他看……

这些做事的细节，都是他作为企业家的"元能力"。

其中有一个动人的片段。有一次，王石去哀牢山看他。他意气风发地指着面前的一大片小树苗说："五年以后，这些树就能挂果了。"他好像一点儿都不在乎，五年以后，他已经是八十多岁高龄了。

我觉得那一刻，他想的未必是褚橙以后的成功。那一刻，他只是找回了自己。不是红塔山时期看起来风光无限的自己，而是哀牢山上那个开始奋斗的自己。

后面的故事，我们都很熟悉。多年以后，褚橙变成了最具转变意义的"励志橙"。而褚老也借着褚橙，重新建立起事业。

当然，他还有很多旧自我的资源，比如他的影响力、他的经营能力、他在社会各界的朋友。但在这些旧资源中，全情投入的能力和态度是最核心的部分，它们成为他重建新自我的基础。

从这两个故事里你可以看到，旧自我的资源如何在新自我的重建中发挥关键的作用。正是旧自我中最有生命力的部分，在新的情境中散发出光芒。

也许你会问："万一旧自我的资源和新的情境匹配不上怎么办？"你不需要匹配，你也做不到。

拥有旧自我的资源，并不意味着你能很快获得新情境需要的能力和经验——那是你进入新环境以后，逐渐学习、积累起来的。

即便如此，你仍然可以利用最珍贵的"元能力"。

整理旧自我的资源，不是为了简单地把旧能力和资源迁移到新的情境，也不是为了寻找在失败中重获成功的办法，而是为了重新找到自己。

当旧自我中最有生命力的部分终于跟新的情境联系起来，就像英雄忒修斯找到指引出路的线球时，你会再次感受到自己的力量，一如你曾经感受过的那样。你会重新找到那个和原来一样，又不一样的自己。

自我的重生是我们重新找到自己的过程。在这个漫长的过程中，也许你走了很多路，逐渐忘记了过去那个最深层、最有力量的自我，把它丢掉了。但是现在，在新的情境中，你反而有机会把它找回来。这时候，重生就开始了。

29 中心自我和边缘自我的切换

✳ ✳ ✳

人有很多个自我。

在某些时刻，特定的自我占据了舞台的中心，其他自我则退居舞台边缘，扮演配角。如果说中心自我是最适应现实的那个自我，边缘自我就是没能在工作中发挥的才能、没有创造价值的爱好、不被主流叙事理解的情感和经验、暂时不为现实接纳的"我想要"。

在平时，边缘自我只能作为现实的补充，甚至会被刻意地压抑和忽略。可是在转变期，无论是出于你主动的选择，还是出于无可奈何的现实，那个长期占据中心位置的旧自我忽然消失了，这时候，某个边缘自我就有潜力成长为新的中心自我。

我的心理工作室里有位家庭治疗师，她有一段独特的转变经历——从儿科医生转行做家庭治疗师。她是怎么完成新旧自我的更替的呢？

她在儿科门诊时，经常遇到过敏、高热惊厥的孩子。她发现，这些孩子的治疗效果跟其父母的表现有很大关系。如果父母表现得很镇静，孩子的症状很快就会得到缓解；如果父母很慌张，孩子就会更慌乱，症状就会持续。这是她第一次发现，父母和孩子之间存在一条情绪链，这种情绪链会影响治疗的效果。

自那之后，她开始主动关注孩子父母的情绪。她发现，父母的情绪背后常常暗藏着双方多年没有解决的矛盾，而那些复杂的矛盾是她感兴趣却无法理解的。于是，她开始关注家庭治疗。

起初，她的中心自我是儿科医生，对家庭治疗的关注只是一个为儿科医生服务的边缘自我。可以说，这个边缘自我是从中心自我中长出来的。不过，自从这个边缘自我长出来后，她就再也舍不得把它丢掉。她觉得，原来那种只管开药，却不管孩子所处何种家庭系统的做法太简单了，可她又不具备治疗孩子家庭的能力。于是，她开始频繁加班，再利用调休的时间参加培训。她构造了一个容器，想要培育那个新的自我。

可是，儿科医生的工作本就很忙，再加上培训的奔波，她慢慢发现自己吃不消了。她不仅好几年没有休过假，生活受到影响，就连科室的领导也开始对她有意见。

我曾经讲过，容器的作用是维持新旧自我的共存，让我们一边培育新自我，一边避免做出不可逆转的选择。可是，当新自我逐渐成长到无法与旧自我共存时，选择的契机就来了——她必须在"儿科医生"和"家庭治疗师"之间做出选择。

她发现，自己再也无法舍弃那个边缘的、作为家庭治疗师的自我。事实上，她从没想过要放弃它，从它冒出来开始，她就意识到了。于是，她选择从医院离开，成为一名家庭治疗师。

不过，边缘自我变成中心自我绝不会一蹴而就，这需要一个完整的过程。甚至边缘自我在遭遇现实的挫折后，有可能会被舍弃。

刚开始她的家庭治疗师发展之路并不顺利。离开医院后，她经历了很长时间的失落和痛苦。一个重要的原因是，她并没有足够的来访者能支撑起家庭治疗师这个新角色。后来靠着原先医院同事的介绍，她才挨过了最难的时期，逐渐成长为一名家庭治疗师。

借着她的转变经历，我们可以思考一下：中心自我和边缘自我的切换是如何完成的？

如果说我们灌溉的中心自我是一棵大树，边缘自我就是树荫下的花花草草。边缘自我起初是伴随大树而生的，但随着生长，它会变得五颜六色，越来越显眼。当大树消失后，我们发现，还可以把这一地花草灌溉成美丽的花园。

在这位家庭治疗师的转变经历中，关注家庭，起初好像只是她本职工作的补充和延续。但这并不是她本职工作的要求，而是对她内在的某种兴趣和价值取向的回应。她不满足于只是开药，对人的情感本身产生了极大的兴趣。随着逐渐进入现实，不断添加新的材料，这个边缘自我开始有了自己的演进过程，慢慢变成了一个现实中可以规划和实践的职业方向。

所以，边缘自我是在"现实"和"我想要"之间长出来，又不断演进，拥有了自己独特的生命力的。它演进的动力，来自我们自身的内在需要。当边缘自我成长为中心自我时，你就更愿意投入时间和精力，更有行动的可能。而这些行动，是新自我成长最关键的因素。

看到这里，也许你会想：现在旧自我不合时宜了，我要去哪里寻找边缘自我，看看它是否有潜力发展成新自我呢？

其实，关于如何寻找边缘自我，有很多线索。比如，你曾经的梦想，你做过的最有成就感的事，你最敬佩、最向往的人，甚至旧工作中最让你享受的部分，等等。

你还可以借助两个问题找出有生命力的边缘自我：

第一，在你做过的众多事情里，哪件事就算一时看不到回报，你仍然愿意去做？

第二，在这件事情背后，有一个怎样的你？

也许你会发现，新自我的种子早已在旧自我中种下，就埋在那些你原本最愿意为之投入的地方。

不过，我还想提醒你，对很多处于转变期的人来说，边缘自我并不代表新自我，它们只是值得探索的新自我的起点。边缘自我要想演变成新自我，还需要我们克服很多难题。就像那位转行的家庭治疗师，她会面临受训不足、客源不够、不被来访者信任等诸多问题。但是对于很多身处转变期的人来说，能开始这种探索就已经弥足珍贵了。

30 生命中的深刻体验

✳ ✳ ✳

看完前两节之后,不知道你会不会产生一个疑问:我有很多旧能力,究竟哪种旧能力会变成新自我重建的基础呢?或者我有很多边缘自我,究竟哪个会变成新自我呢?这种选择背后的依据究竟是什么呢?

这就涉及旧自我的另一种"遗产"——生命中的深刻体验。

这些生命中的深刻体验,或者给你带来过巨大的快乐、成就感,让你想要复制它们;或者激发了你的好奇心,令你想要去探索全新的世界;或者给你造成了刻骨铭心的痛苦,让你想要超越它们。总之,这些深刻的体验构成了自我的内核。

你不妨仔细想一想,你的生命中有哪些重要的体验?什么时候你觉得自己被爱过?什么时候觉得最受伤?什么时候最充满渴望?什么时候最感到失落?什么时候最为自己骄傲?这些重要的体验又是如何影响你,让你变成今天的样子的?

思考后你会发现,转变的历程背后,正是这些重要的体验在推动。它们与现实发生了有趣的化学反应,不断将你塑造成今天的样子。当旧有的规范开始破碎,我们会从这些重要的体验中找到自己该何去何从的答案。

为什么生命中的深刻体验会变成旧自我中最重要的资源呢？

首先，这些生命体验不同于外在的知识或理论，它是一种"全息式"的学习——完全是你通过生命历程得到的，是你活出来的信息。你在这段经历中感受到的，远比你能表达出来的要深刻得多。可以说，这些体验深深地嵌在你的自我里，成为某种"潜意识"的反应，引导着你的选择。

其次，这些生命体验常常蕴含着巨大的动力。这股动力会让你愿意投入一切去做这件事，并感到意义非凡。尤其当这些体验包含着巨大的痛苦时，你会迫切地想要关注这些痛苦，继而发展出创造性的应对方式去超越痛苦。

这样的例子，在心理学领域比比皆是。比如，提出了"自卑补偿"理论的阿德勒，在幼年时期患上了佝偻病，又矮又丑，而他的哥哥们又高又帅，这让他深感自卑。五岁时，阿德勒还险些因为肺炎丧命。"自卑"成了阿德勒奋斗的动力，也成了他研究的主题。

再比如，以"身份认同"理论闻名于世的心理学家埃里克·埃里克森，他的生父是一名德国人，在他出生前就抛弃了家庭。他母亲在他三岁时嫁给了一位儿科医生。埃里克森童年时并不知道这位儿科医生并非自己的亲生父亲，但他总有一种自己不属于父母、不属于这个家庭的感觉。他母亲和继父都是犹太人，他却碧眼金发、身材高大。在德国人的学校里，同学们都说他是异类；而在犹太人的圈子里，人们也觉得他是异类。这让他一直困惑于自己的身份，希望能理解自己是谁。这种经验便成了他研究"身份认同"的动力。

被誉为"二十世纪最伟大的心理治疗师"的催眠治疗大师米尔顿·艾瑞克森，在十七岁时因为患上严重的小儿麻痹症而瘫痪。医生断言他这辈子再也动不了了，还让他妈妈准备后事。如果不是他自己坚决不认同医生的宣判，并发展出一套独特的、积极有效的自我暗示方法，他根本不可能再站起来。而这一切经历成了他的催眠理论的基础。

创立"森田疗法"的森田正马成长于家教极为严苛的家庭，晚间背不完书，父亲就不准他睡觉。森田自幼就有明显的神经症倾向，他自述自己十二岁时仍患夜尿症，十六岁时患头痛病，常常心动过速，容易疲劳，总是担心自己的病，这就是所谓的"神经衰弱症状"。后来，"森田疗法"成了应对神经症最行之有效的疗法。

……

我们不能说痛苦让这些人变成了大师，更准确的说法是，痛苦成为他们最深刻的体验，让他们拼尽全力去理解痛苦、超越痛苦。超越痛苦的渴望，化作了巨大的能量来源。

除此之外，生命中的深刻体验，还会赋予你与这种体验相关的洞见。就好像这些经验变成了一种敏锐的校准器,你可以通过它来判断什么对、什么不对。

当某个被社会规范的旧自我是中心自我时,很多重要的生命体验,尤其是跟现实无关的生命体验,会一直沉睡。可一旦转变期来临,那些重要的生命体验常常会被激活,你会被指引着去接近它,与它产生联结。当你所做的事跟这种深刻的体验结合起来,你就会觉得,这是在做我自己。

我认识一个朋友小J,她做了一个正念饮食的自媒体,针对有进食障碍的人群,做得还不错。她是怎么走上这条路的呢?

她出生在一个重男轻女的家庭里。从小,她穿的衣服是哥哥穿剩下的,玩的玩具是哥哥玩旧了的,连剩菜剩饭,妈妈都总是让她来吃。

其实,她妈妈在这样的家庭里过得也很苦。这位妈妈并非不爱女儿,相反,她跟女儿在情感上更亲近。可正因为亲近她才觉得,既然自己为家庭牺牲了那么多,女儿也应该如此。

后来,小J的哥哥去县城读初中,每个周末回家时,妈妈都会给哥哥烧一桌好菜,这让小J很羡慕。等她也去了县城读初中,第一个周末回家,她满心期待妈妈也会做一桌好吃的等着自己。结果到家后,她发现家里压根没有人,只留下一些冷饭剩菜。

在巨大的失落中,她抓起冷饭就往嘴里塞。她告诉我,那是她人生中第一次产生想把自己吃撑死的念头。吃得恍惚间,她想起妈妈在田里干活,便去田里找妈妈,发现妈妈被一个很重的麻袋压弯了腰。她什么都没说，默默背过了妈妈的麻袋。

无法表达的失落和愤怒只能通过暴食来宣泄，这成了她最开始的痛苦经验。

这种痛苦经验一旦形成，就开始自己发展。进入青春期，进食跟自我形象捆绑在一起。为了减肥，小J开始极端节食。可一遇到挫折，她又会忍不住暴食。进食障碍成了贯穿她整个成长进程的主题。

与进食障碍相伴的，是她不断尝试治愈自己的努力。她开始理解藏在食物背后的情绪，从满心委屈说不出口到逐渐能表达出来，从一受刺激就冲动暴食到慢慢能控制住情绪。

和进食障碍的缠斗就这样过了很多年。等研究生毕业时，她忽然发现，她对所学专业毫无兴趣，她唯一熟悉和感兴趣的就是一直令她痛苦的进食障碍。

为了生活，她进入一家新媒体公司做数据分析。这份工作让她慢慢了解新媒体背后流量的秘密，但她觉得很无聊。正打算寻找新出路时，她发现自己写的几篇关于进食障碍的文章数据还不错，很多有相似问题的人来找她。重要的经验开始指引她，让她思考：我能不能把这个当作自己的事业？

为了让自己具备更专业的知识，她去了医院的进食障碍中心进修。这段进修的经历不仅给了她作为治疗者的理论框架，更让她确定自己能做这件事。因为她发现，长期跟进食障碍斗争的经验让她能理解这些人的微妙心态，也知道什么才对他们真的有帮助。于是她专心做起了自媒体,开发针对进食障碍的训练营,不断积累经验。

从小J的故事里,你可以看到这些重要的人生经验是如何变成新自我的基础的。当痛苦来袭时,人们会拼尽全力寻找出路,这是生命的本能。

小J寻找出路,最初是为了疗愈自己。慢慢地,她积累了足够多改变的经验,这种经验不仅能疗愈自己,还可以疗愈别人。

她最大的变化是角色的转变:从患者变成疗愈者,从受惠者变成施惠者。这种转变源于她超越痛苦经验的努力,这种努力才是促成转变的真正动力。

可是当我问她:"什么时候,你觉得自己走出了作为患者的那扇门,走进了作为疗愈者的那扇门?"

她回答说:"我从来没有走出过这扇门,我一直在同一条路上。我所经历的进食障碍是这条路的一部分,我现在跟很多进食障碍者一起工作,也是这条路的一部分。我甚至不确定自己是否痊愈了。从暴食发生的频率看,我已经好了,但我并不确定,如果有一天情绪崩溃,我会不会再次暴食。只是我已经不再那么害怕这件事了。"

她说得对。她不想把患者和疗愈者的角色分开,因为这都是她重要的经验,都在她的转变中起了重要的作用。

她的故事,就是生命中的深刻体验引导转变的故事。其实不只心理学领域,很多领域的转变或多或少都跟当事人的深刻体验有关。有些人赚钱的动力来自童年贫困、窘迫的经验;有些人想当医生,是因为体验过面对疾病时的无力感;有些人想当老师,是因为自己在学生时代曾经遇到过好老师……这些重要的经验,让我们渴望换个角色,去重新经历、体验。

当然,只有这些重要的经验还不够。要完成转变,你还需要专业的技能,以及在现实中实现它的途径。但是在转变期,这些重要经验会变成一种有用的指引,帮助你找到新的自己。

● 转变工具：给继任者的信

在这一站，我介绍了旧自我留下的三种遗产：旧能力的新应用、中心自我和边缘自我的切换，以及生命中的深刻体验。

如果新自我是你生活的继任者，你会给他留下什么遗产？又会嘱咐他什么呢？

任务

写一封给新自我的信，为他整理、盘点可用的旧资源，并提醒他要注意哪些重要的事情。

提示

致我的继任者：

你好。

有些东西我带走了，有些东西随着我的消失而消失了。比如……

但我还是给你留下了一些东西，那些我相信今后会对你有用的东西。我要留给你的是……

此外，我还想提醒你……

第十站
守护者：新世界的信息

31 如何找到你的守护者

✳ ✳ ✳

什么是"守护者"？这个特别的称呼是我从神话学家坎贝尔的《英雄之旅》[①]中借鉴来的。在很多神话故事里，当一名英雄要踏入新世界时，总会有一位领路人告诉他关于新世界的信息，就像哈利·波特故事里的海格，《魔戒》里的甘道夫，希腊神话里给英雄忒修斯剑和线团的公主……这些守护者熟悉新世界的信息，也熟悉一个人刚进入新世界时会经历的心理历程。

为什么自我转变的路上需要这样一位守护者？如果你把新旧自我的更替看作我们在不同部落之间迁徙，你就能理解，进入一个新的、更能接纳和认可你、你更向往的部落，是需要有人引领的，那就是守护者。

[①] [美]约瑟夫·坎贝尔：《英雄之旅》，黄珏苹译，浙江人民出版社2022年版。

守护者常常能告诉你两类信息。一类是关于新部落的信息。守护者往往就属于那个新部落，甚至在部落里有一定的经验和地位。因此，他们会告诉你新部落的规则、人群、门槛，以及你进入这个部落还需要掌握哪些新技能。

另一类是关于转变的信息。很多守护者自己就经历过转变，所以能给你精神上的支持和启发，会在你遇到困难时辅助你，让你对转变的旅程更有信心——这一点至关重要。

很多时候，我们做出某个不同寻常的选择，从自我的角度看，它是合理的；可是从外人的角度看，它却令人费解。久而久之，连你自己都会怀疑：这个选择是不是太不理智、太不成熟了？而守护者会帮你确认你的道路，让你知道自己没"疯"。

也许你会问：我毕竟没生活在神话故事里，不能期待有个魔法师忽然闯入生活，我该上哪儿寻找守护者呢？

守护者是很特别的，既可能离你很近，也可能很遥远，既可能来自现实，也可能出自幻想。最重要的是，他能够作为认同对象，让你跟更遥远的部落发生联系。

什么是认同对象呢？在转变期，我们对理想的自己有一些模糊的想象，但是这些模糊的想象还没有确定的形状。认同对象则会激发你这种感觉：对，这就是我想要活出的样子！这就是我想要成为的人！你会对认同对象产生一种特别的情感联系，这种联系又跟你内心想要成为的自己遥相呼应。然后，认同会搭起桥梁，你会跟特定的、自己想要加入的群体联系在一起。

那么，什么角色会成为认同对象呢？通常有两类：榜样和导师。

榜样

"榜样"这个词，想必你很熟悉。小时候我们都有自己的榜样，但长大后就不太容易有了，这符合成长的一般规律。表面上看，榜样只是我们佩服的人，实际上，他就是我们的认同对象。我们把理想化的自我投射到榜样身上，又从榜样身上看到自己想要成为的样子。随着逐渐长大，我们看待一个人的方式会越来越现实，会意识到人都有缺陷和短板，于是不再轻易理想化一个人，榜样便失去了光环。

但是在转变期，当你陷入迷茫，不知该何去何从时，不妨重新启动这个理想化的过程，因为榜样是你的理想化自我在现实生活中的具象化。理想化的榜样也许还是会破灭，但你寻找榜样不是为了看清这个榜样，而是为了看清自己。

怎样才能找到榜样呢？你可以带着以下三个问题，不断探寻能打动你的对象。他们可以是现实生活里的人，也可以是书籍、电影里虚构的形象。

第一个问题：如果可以，你希望能像谁一样活着？

第二个问题：你从这个人身上看到了哪部分的自己？

第三个问题：如果这个人身处你当下的境遇，他会怎么做？

我曾经有一个榜样，是《转变》的作者威廉·布里奇斯。我这本书在很多地方都受到了他的启发。

其实，我在离开高校后，经历了一段迷茫期。一方面，我能感受到自己身上有一些重要的事在发生；另一方面，我不知道要发生的事是什么。我想搞清楚自己为什么做了这个选择，以及接下来会怎么样。

有一天，我在旧书摊上淘到《转变》，才明白，原来这就是我在经历的事。布里奇斯也是从大学离职的。有一天，他的孩子问他："你不是大学老师了，那你是谁呢？"这让他感到困惑。这种困惑跟我的经历太像了。

经历的共鸣常常会变成一种联结，让我觉得自己跟布里奇斯好像产生了某种特别的联系。我会觉得他像我，我也能读懂他。这可能是理想化的产物，但是，这种理想化的产物让我愿意接受他带来的启发和影响。这不仅会帮助我理解已经发生的事，还有助于探索未发生的事。

布里奇斯后来开设了一门关于转变的课程，专门帮助人们完成转变。我看了他做的事以后，心想：这件事同样吸引我，我也可以把自己所经历的转变的经验，教给那些正处于转变期的人。

这种想法成了新自我的种子。后来，我真的做了一个自我转变的训练营，还在得到App上开了一门帮助人们完成转变的课程——后者正是这本书的雏形。通过做这些事，我还改变了自己在重要的生命体验中的角色，曾经的失落、痛苦和迷茫变成了有用的资源。

你看，榜样会提供这样一种力量。其实，我并不认识布里奇斯，不知道他在现实中是什么样子。我关于转变的知识也不完全来源于他，还有很多我自己的理解。可是，当你遇到这样的榜样时，他的选择会启发你，他经历的困难也会提示你。你在遇到相似的困难时，会想：这道题我见过。就好像他的经历代替了你的经历。于是，你变得不那么害怕。这时候，榜样就变成了你的守护者。

导师

除了榜样，还有一类常见的守护者是导师。如果说榜样代表的是遥远的、理想化的自我，那导师就是现实生活中的领路人。他常常处在一个比你更高的位置，不仅能告诉你新部落的信息，还能协助你完成新旧自我的转变。

你如果想进入某个新领域，往往需要学习很多新的专业技能。专业技能是身份认同很重要的一部分。**有时候，你只有"会做这件事"，才能"是这样的人"**。举个很简单的例子，如果你不会写作，就不能说自己是作家；如果你不会做心理咨询，就不能说自己是心理咨询师。你如果对某个领域没有深入的理解和领悟，当然就不会成为这个领域的专家，哪怕你再想成为这样的人都不行。为了把你的新自我与某种特定的技能关联起来，你就需要找一名导师。

以我自己为例。虽然我在大学里也做心理咨询，但那时候我接受的专业技能训练还是比较浅的。当然，我参加了各种培训，学到了很多知识和技能，但它们远没有变成我的一部分，更没有真正改变我。所以，从学校出来后，我还是很心虚的。

直到我遇到我的老师，她是一位长者，是业内公认的大师。在她的家庭治疗工作中，那些来访者总能在咨询室里流露他们最深的情感。那些情感深深打动了我，于是我就一直跟着她学习，一学就是近十年。

她的训练非常细致，常常从一句话开始引申，指出每一句话里我思维不足的地方。最开始，我回答她的每一句话、提出的每一个问题，得到的都是否定的反馈。

这当然会引发很多挫折感，就好像我突然间什么都不会了。可是如果能抛开自我情感，去理解她否定的内容，我就会发现，我的反应和她的要求就是有差距，而这正是我需要努力的方向。虽然让我受挫，但她给我的指导也让我信服。慢慢地，我开始不断尝试用她要求的反应去反应。

后来，我开始用她的眼光看来访者，也学着用她的眼光看我自己。这些专业技能逐渐内化成我自己的一部分。而跟这些专业技能相连的，是我的身份认同。她把我引到了一个新的部落，一个以专业技能为身份标签的部落，这个部落有它自己光荣的传承。在这里，我不再孤单，也不再心虚。

当然，我知道自己还有很大的进步空间，也知道自己跟老师的要求还有距离，但现在的我，和刚离开学校时的我相比，已经有了本质的变化。一个新的自我已经成型，它是以我掌握的技能为基础的。它长在我身上，已经成了我重要的一部分。任何人都没法剥夺它，我也不会失去它。

也许你会问："如果我只是接受一些专业技术的培训，没有具体的导师，行不行？"当然也行，只要那些专业培训足够扎实。可是，只接受专业培训，你就会缺少一样最重要的东西——人的影响。

影响是发生在人和人之间的。如果你有一位导师，你把他看得足够重，他对你的影响也会足够深。慢慢地，他的眼光会变成你的眼光，他的思考会变成你的思考，这样你才能说，你学到了他的一些东西。如果他对你不够重要，你就很难接受他的影响。

你可能会有新的疑问：前面"关系的脱离"部分不是讲过，我们最终要脱离导师的保护，变成独立的自我吗？怎么现在又鼓励我们接受这些影响了呢？就像你得先接受养育，才能长大，有时候，你得先接受某种影响，才能脱离这种影响。我们离开一段束缚自己的关系，不是为了从此孤独一生，而是为了在成长之后，再寻找一段适合的关系。在新的关系里，如果你的技能足够成熟，有时候你自己就会变成一名导师；如果你的技能不够成熟，那就找一个能教你的导师。关键是，他有你想掌握的技能，你能从他身上看到你想成为的新自我的样子。直到有一天，关系的转变再次来临。但那时候，你已经积攒了足够多的经验。

那么，去哪儿寻找导师呢？要找一名好导师并不容易，但其实，导师找一名好学生也非易事。如果遇到了一个好学生，导师会愿意把自己掌握的东西传承给他。

如果想要寻找一名导师，你可以问自己以下三个问题。

第一个问题：在你想要进入的领域里，你最愿意视谁为导师？为什么？

第二个问题：你可以从哪个途径接近他，跟他产生联系？

第三个问题：你能为他提供什么样的信息和帮助？

为什么你要给他提供信息和帮助呢？虽然你希望获得他的指导，但最开始你不能只把自己定位为求助者。如果你能跟他有其他形式的合作，这种合作也许会成为更深的联结的开始。

32 如何获得新群体的归属感

✲ ✲ ✲

人需要归属感。哪怕是一种抽象的归属感，它也能提示你是谁，让你安心。在"告别旧自我"的部分，我把新旧自我的更替形容为新旧部落之间的迁徙。这种迁徙虽然需要我们脱离某种旧身份和旧关系，却不意味着我们要一直形单影只。关系虽然会限制我们，但也会塑造我们的情感反应和价值观。在离开原有的关系后，你会渴望加入新的群体来获得新的归属感，重新确认自己是谁。

也许你会问：我好不容易离开了一个群体，为什么还要加入新群体呢？新群体和旧群体的区别是什么？

旧群体往往基于旧的规则，这种规则跟我们内心的需要相矛盾。而我们寻找的新群体，会为更多的"我想要"留下空间。可以说，寻找新群体的过程也是寻找新自我的过程。

如果说榜样和导师提供的是认同对象，新群体则会提供更多关于新世界的信息，以及更具体的情感支持。这背后的道理很简单。一个人走一条路的时候，你难免会对这条路产生怀疑；可若是看到一群人走一条路，你就会相信这条路是能走通的，你对转变的旅程也会更有信心。甚至有时候，你要进入新群体，才能找到榜样和导师。

新群体还能支撑起新的自我。还记得前面讲过的《你当像鸟飞往你的山》里的塔拉吗？如果不是离开原生家庭去学校接受教育，如果不是遇到那么多同学和老师，塔拉很难从外在视角审视自己的原生家庭，建立起新的价值观，更别提和原生家庭脱离。

如何找到新群体呢？这是一个漫长而曲折的过程。有时候，你会走很多弯路；有时候，进入这个群体后，你会发现它不是你想要的；有时候，你怎么都找不到新群体的入口……从我接触到的转变得比较成功的人的经历来看，我发现，他们都遵循了几条重要的原则。

原则一：尝试接触

这条原则很简单，很多人却做不到。他们会不停地想：这真是我想要的吗？我配吗？那些人那么忙，会搭理我吗？如果我被拒绝了，该怎么办？

你会产生这种自我怀疑，只是因为新群体对你来说还很陌生，令你觉得自己的"我想要"微不足道。但真的进入之后，你会发现，新群体并没有那么高不可攀，你有自己的能力和资源。

《创造》[①]这本书的作者托尼·法德尔是硅谷有名的大佬，他发明了iPod（音乐播放器），还创办过几家很成功的企业。对于如何

[①] [美]托尼·法德尔：《创造》，崔传刚译，中信出版集团2022年版。

联系大咖,他在书里介绍了一个最简单的办法:通过自媒体账号联系他们。当然,联系时不能只是简单地说"我想怎样"。法德尔认为,我们不能只做求索者,更要做联结者和贡献者。我们可以认真阐述自己对大咖的作品的看法,以及彼此有可能产生联结的地方。

法德尔还说,这种联结其实比想象中容易得多。他自己就经常在推特(现"X")上给很多人提供指导。如果看到某人跟自己有意气相投的地方,他甚至愿意抽空见一见对方。

很多经历过转变的人,也跟我分享了同样的经验。真正的难点在于,你要主动去联系对方。当你真的这样做了,你会发现这种接触没那么难。

我有一位学员王琳,她原本是老师,想转行做首饰设计师。这是一个很冷门的领域,周围人都觉得她的想法不现实。但是,她在梳理身边的资源后,发现当地某大学的设计系聘请了一位很有名气的、在国内外都得过奖的首饰设计师。她忐忑地托朋友约这位设计师见面,本来只想打听一下去哪里学习比较靠谱,结果那位设计师表示:"我愿意亲自教你。"

这为王琳打开了新世界的大门。当我再联系她的时候,她已经在意大利学习了。

她说:"我原以为自己会不适应,但是看到这么多来自世界各地的同学,我觉得自己就是他们中的一员。

"看到这么多优秀的设计师,我的想法也有了改变。也许我不只可以当一名设计师,还可以当设计师的经纪人,把他们的作品引入国内……"

她有了新的思路,这些思路是她在接触了新群体后产生的。

原则二:从错误的群体中吸取正确的信息

也许你会想:王琳是运气好,刚好有资源,万一我接触的群体是错误的呢?你依然可以从中吸取正确的信息。

进入新领域,你很难一开始就找到自己认同的新群体,需要经历曲折的探索过程。虽然错误的群体没法带给你身份认同,但它常常会提供一些正确的信息。

我有个朋友小哲想从HR转行做心理咨询师。她一开始的想法特别简单,以为只要考取心理咨询师证就可以了(这个考试现在已经被取消了)。其实,这个证书本身没法帮她进入这一行,但是通过考证,她结识了一些同样想当心理咨询师的朋友,了解了一些圈内比较受认可的培训项目,还去参加了一个心理咨询师的年会。

后来,为了夯实心理学的专业知识,她读了一所大学的心理学系在职研究生。但她又一次失望了,因为那个研究生学习的重点是研究方法,而不是理解人。听说她想做心理咨询师,招生的老师还劝她:"你原来的工作多好,也能用上心理学。你可千万别误入歧途。"

可是,通过跟这个群体的接触,她获得了一种反向的身份认同。她看清了自己想要的并非文凭,而是学习真正的心理咨询技能,由此确认了自己的追求。

原则三：不断问自己"这是不是我想要成为的样子"

无论寻找榜样、导师还是新群体，都是我们寻找自我认同的过程。我们真正寻找的，是自己想要成为的样子。所以，跟新群体接触时，你可以不停问自己：

"这些人是不是我要活成的样子？"

"如果是，他们的哪些状态吸引我？"

"如果不是，那我要活成的样子跟他们有什么不同？"

小哲兜兜转转又做了很多探索后，在一次培训中遇到了一位德国老师。老师已经八十多岁了，严谨认真，咨询的技能很精湛。谈到自己的来访者时，他有一种特别深的爱和热情。在这位老师的课堂上，小哲那些遥远的经验、回想和渴望得到了某种共鸣，她心里忽然有了一种确定感——她想成为像老师一样的人。她希望自己到了八十岁时，也可以这样去谈自己的来访者，谈那些自己曾经帮助过的人。

那天晚上培训完，她去食堂吃饭，盛饭的师傅问她："你们是做什么的？在上什么课？"

她回答说："我是心理咨询师，在上心理咨询的课。"

说出口后，她才发现这个回答意味深长。这是她第一次把自己跟"心理咨询师"的角色联系起来。有一点陌生，但并不违和。

从脱口而出那个回答开始，她才真正成了一个心理咨询师。

33 如何进入一段新的亲密关系

✦ ✦ ✦

到现在为止，我所讲的故事，还是集中于职业的转变。那当我们失去一段亲密关系时，转变又会如何发生呢？

转变常常意味着，我们的生活中有新的人进来，他们会对我们产生新的影响。亲密关系既需要把对象"理想化"，以产生新的吸引力；同样又需要创造更多主动接触的机会，探索更多可能性；还需要培养从"我"到"我们"的归属感。

但亲密关系的重建，是一个复杂得多的故事。一方面，离开一段关系，会带来很深的孤独感，让我们更想拥有一段亲密关系。另一方面，离开一段关系，常常伴随很多伤害。这种伤害很容易变成自我的保护机制。当我们与人接近时，这种保护机制就会启动，阻止我们投入感情，以免再受伤害。曾经的失去也会变成一种自我怀疑。我们会担心自己不够好，又不想让别人看到我们的脆弱，有时候宁可忍受孤独。

而关系的好处是，它总能创造新的经验。它既是我们的伤，也是我们的药。当你和人接触时，你总是会受别人的影响。如果很幸运，别人眼里的你是比你自己更好的你，你会逐渐相信，自己也许并没有那么糟。这有助于你从失去的伤痛中走出来。

小田就是这样。他是留守儿童，在最需要妈妈的时候得不到妈妈的陪伴，更谈不上获得认同。他认为，这种分离的经验让自己形成了不安全型依恋，影响了正常恋爱。

他说："我谈过三个女朋友，每一段都到快要结婚时就分手了。因为我太害怕了。我不知道自己是不是爱这个人，更担心自己经营不好亲密关系。每一次分手，都加深了我的这种恐惧。我一直以为自己不会结婚了。"

他顿了顿又说："直到我遇到第四个女朋友。"

我问他第四个女朋友有什么特别之处，他说："她好像很能跟我交心，并且愿意信任我、走近我。最开始，我跟她若即若离的。直到有一次，她讲起自己童年的创伤和成长的不易，讲着讲着，就在我面前哭了。那时候，我忽然也动了感情，我很想保护她。"

保护的冲动把小田放到了新的角色里，也给了他勇气认真经营一段关系。可是，当他们快要结婚时，他再次退缩了。好在他的女朋友没有退缩。她提前约好了时间，拉着他去了婚姻登记处。

"我还是很焦虑，但看着她满心期盼的样子，我不想让她失望，心一横，就把婚结了。最开始，我不仅忐忑，甚至还后悔过。可是过了一阵子，我享受起家庭生活，并开始学习承担更多的家庭责任。我很感激我太太。"

我为他高兴，并告诉他，所谓的不安全型依恋，形容的不是一种不变的特性，而是一个人在特定情境中的行为。这种行为当然会受过去的影响，可是并非没有改变的可能。

当爱人讲述她的痛苦，他推开了她时；当遇到矛盾，他把矛盾解读为对方要离开的信号，于是率先为离开做准备时；当在关系的互动中，他想接近却选择逃避时——这些时刻，他是不安全型依恋。而当爱人讲述她的痛苦，他认真倾听时；当遇到矛盾，他没有在焦虑中选择退却，而是诚实地说出自己的感受时；当在关系的互动中，他没有逃避而选择接近时——这些时刻，他就是安全型依恋。

所以，安全型依恋还是不安全型依恋，不是形容一个人，而只是形容一个人在某个特定情境下的选择。就算以往的经验让小田习惯了选择躲避，在某一刻，如果他选择了靠近，那么，在那一刻，他就是安全型依恋。

在《爱，需要学习》中，我曾写过："亲密关系是一场值得的冒险。"这种冒险，不仅包括你是否决定进入一段亲密关系，还包括在每个交互时刻，你是否愿意接受对方的影响。如果对方是新的人，他对你的影响，自然也是新的。

如果你选择接受对方的影响，他就会成为你的守护者，而你也会变成他的守护者。一切的不同，都从这里开始。

● 转变工具：与守护者做一次深谈

不妨找到你的守护者，跟他做一次深谈。

任务

与守护者做一次深谈。

提示

你希望谁成为你的守护者？

这个人可以是：

（1）能告诉你新部落信息的人；

（2）能理解你所经历的转变的人；

（3）你的榜样。

关于你正在经历的转变，跟他做一次深谈。

第十一站 寻宝：试错与行动

34 如何基于实践进行思考

✳ ✳ ✳

如果说整理旧自我的资源是从过往经历中挖掘新自我的信息，寻找守护者是从关系中挖掘新自我的信息，那么，我们还需要一个重要的信息来源：从实践中创造新经验。我将这一站命名为"寻宝"。

旧自我逝去后，人们往往会陷入空虚和迷茫。经常有人问我："老师，我怎么才能找到新自我？是不是去整理旧自我的资源，发现自己的特长、兴趣爱好，就能找到呢？"

我理解他们为什么急于找出一个答案。因为我们总是会假设"新自我"的答案已经形成，只是被藏在了某处，我们要做的只是找对地方。

但事实并非如此。如果说自我是一个故事，这个故事才进行到一半，很多关键情节还没有发生，你怎么可能知道大结局呢？

除非你能推动一些关键情节，让它们在现实里发生，否则你很难认清自己是谁。

我的老师经常对我说一句话："答案不在你的头脑里。"意思是，遇到问题时，人们总是希望通过"用头脑想"去解决，好像只要想，就能想清楚。这是一种特别自我中心的本能。事实上，这个世界上90%以上的事不是靠想出来的。比如，弹钢琴或编程这一类技能，我们不是靠思考来精进的，而是靠刻意练习形成的肌肉记忆；他人对我们有什么反应或想法，我们不是靠思考得知的，而是在关系的碰撞中理解的；更重要的是，一件事的走向不是我们用头脑"操控"的，需要我们在实践中通过反馈不断进行调整。

也许你会问：难道不应该多思考吗？当然需要思考，但有时候，过度思考是一种逃避。逃避艰难的实践，逃避与现实的碰撞，逃避可能的失败，逃避他人的拒绝和由此带来的疼痛。如果思考变成逃避，我们就很容易把现实的难题变成头脑中的难题。然后，不同的想法开始在头脑中打架，充满矛盾。因为不堪忍受矛盾，我们会转而追求虚无的心灵的平静。追求一番后发现追不到，我们又会责怪自己。

你有没有想过：也许问题不是你没有想清楚，而是你想太多？

如果答案不在头脑里，那在哪里呢？

像"如何找到新自我"这样的问题，需要通过一系列包含思考、行动、反馈的连续实践环节来完成。特别提示一点：这里的思考可不是为了找到"我是谁"的答案，而是为了促进行动，归纳反馈的经验。

具体来说，这个实践的过程包括四个环节。

环节一：寻找探索的线索

线索和答案的区别在哪里呢？线索是探索过程的开始，而答案是探索过程的终结。

虽然整理旧自我的资源、梳理我们的兴趣爱好、接触有兴趣的群体，甚至做优势量表测试，都不会直接给你关于新自我的答案，但它们都能够成为探索的线索。

最初的探索常常来自我们内心对未来的构想。这个构想是模糊的，但它隐约联结着你的"我想要"。你是通过在实践中磨砺，才逐渐让它清晰起来的。

还记得我那个想从HR转行当心理咨询师的朋友小哲吗？她最开始探索的方向其实不是心理咨询师，而是注册会计师。只是她有个亲近的朋友要去考心理咨询师，她觉得自己也可以试试，才跟着参加的。

而想转行做首饰设计师的王琳，最开始探索的也不是首饰设计。她尝试过画绘本，还尝试过做自媒体。后来跟家人旅游，去到一个陌生的海滩，看到海螺很漂亮，才想到可以把它们做成首饰。

就连褚时健最开始考虑的都不是种橙子,而是做云南米线。

很多朋友经常问我:"怎么才能找到真正的热爱?"这么问,就还是在找答案,而非找线索。他们把热爱看得太重了,重到好像要承载他们的新自我,要把他们从无力中拯救出来。要么,他们会很犹豫做选择,怕满盘皆输;要么,他们做了一点尝试后,就不停催眠自己,说自己特别热爱这件事,以至于看不到其他可能性。这背后都是寻找"终极答案"的思考方式。

事实上,探索应该是轻的,它的线索常常是偶然的。不过,这并不意味着探索没有方向——你会根据对自己和世界的了解建构最初的假设。但你同时要清楚,这个假设可能是错的。你当然要诚实地面对内心的"我想要",同时也要让新的经验来修改它、塑造它。

让"我想要"逐渐清晰,清晰到成为一个可持续奋斗的目标,本身就包含探索的过程。所以,你要抱着试错的心态去大胆尝试,只要尝试的代价在可承受的范围内。

环节二:获得反馈

也许你会问:尝试了以后,该怎么判断要不要继续呢?

这就到了实践的第二个环节:获得反馈。

每次尝试,都会获得一些反馈。这些反馈会成为模糊的指标,它们常常综合了外在的可能性和内心的感受。外在的可能性是这条发展路径是否现实、该如何调整,内心的感受则是你做这件事的投入程度，以及由此获得的成就感。

这两者常常是相辅相成的。取得更大的进步、被更多的人看见，一定会影响我们内心的感受。但如果非要做选择，我认为，内心感受的权重要大于外在可能性。这不仅仅是因为我们对一件事的投入意愿越高，成功的可能性越大，更是因为当你投入地做一件事时，你会觉得是在做自己。

这种做自己的感觉，常常跟我们过去重要的愿望遥相呼应。就像想转行做首饰设计师的王琳，她说："我从小就喜欢画画。小学时经常参赛得奖，甚至一度希望自己成为画家。初中时偶然看到范思哲的传记，里面鬼斧神工的设计图片完全迷晕了我，原来世界上还有这样不可思议的艺术世界。这本书为我打开了新世界的大门，由此我找到了人生理想——成为一名服装设计师。

"可是，这个理想受到了父亲的严厉打压。虽然我跟他爆发了激烈的冲突，但因为对父亲价值观的屈服，对自己缺乏信心，以及造化弄人，那个理想最终还是破灭了。我找了一份稳定的、令父亲满意的工作。

"当我开始做首饰设计时，那种投入、专注的快乐让我意识到，童年时没有实现的理想回来了。我先生也说，很久没见你这么快乐了。"

这种遥相呼应的感觉，是自我重建中最重要的反馈。毕竟在自我的重建期，我们需要的不仅仅是做成一件事，更要借着做这件事，重新找到自己。

环节三：反思反馈

既然是尝试，就难免会得到负面的反馈。这时候，我们还需要反思反馈。

当反馈的结果不如人意的时候，我们需要思考：这究竟意味着什么？是探索的方向错了？是行动的时机不对？还是我们缺少新方向所需要的技能？

如果你做这件事时完全没法投入，那也许是探索的方向错了。

如果你愿意投入其中，却没有好的效果，那也许是探索的时机不对，你可以保留做这件事的种子，等待合适的契机到来。

如果你愿意投入其中，也有不错的时机，只是缺少相应的技能，那你就需要投入精力、时间去掌握新的技能。就像王琳，她要跟着多位老师学习很久，才能掌握设计首饰的新技能，慢慢做起自己的工作室。

环节四：迭代行动

在反思时，我们还需要进行思考与选择。此时的思考不是逃避，而是对实践所获得的经验的总结。

你需要带着从反馈中得出的思考，开始新的尝试；再根据现实给出的反馈，做出新的思考。

需要注意的是，在这个环节，思考"我想要"是优先于思考"怎么做到"的。否则，我们就可能被现实左右，反思就容易沦为

"你看,实践也证明这个'我想要'不合理"的自我妨碍。

"我想要"和"我所在的现实"之间,总是有差距的。我们不能轻易用牺牲"我想要"的方式,来抹平二者间的差距,而是要在实践中让"我想要"变得更具体、更能落地,同时在实践中寻找更合理的从"我所在的现实"通往"我想要"的道路。

最后,我把实践的四个环节简化成四个问题,供你参考:

第一,我要去哪里?

第二,我现在在做什么?

第三,我现在的做法能不能帮我去到那里?

第四,如果不能,我该怎么调整做法?

现在,也许你能更透彻地理解新自我的答案为什么不在你的头脑里,而在你与世界的互动中。思考不只是为了寻找答案,它还会变成实践的反思和推动实践的工具。当你从"寻找一个确定的答案"转为"进入一段探索的过程"时,新自我就开始了。

35 如何迈开行动的小步子

✳ ✳ ✳

在新旧自我转变的过程中，我们会比以往更需要对自我进行探索。可转变期往往是我们最没有行动力的时候，因为我们刚刚告别了过去，头脑还在不停地问自己：做了这个，就能解决问题吗？如果没有确定的答案，行动的动力就会消失。

可事实上，几乎所有尝试都是从最简单的事情开始的。在行动之前，你永远不要问：这次行动能帮我重新找到自我吗？问就是不能。因为重建自我不会有一个简单的答案，你也不会通过一次简单的行动就得出结果。

想一劳永逸地获得一个答案，只是因为我们渴望快速摆脱迷茫的状态。但实际上，新自我的重建需要不断试错的探索过程，最重要的是你要先进入这个探索过程中。可是，这并不容易。

人天然有一种维护稳定的倾向，这种倾向会让我们保持行为的惯性，排斥任何改变。而且，对失败和受挫的恐惧，会让你更难行动起来。这是我们基本的心理防御机制。为了克服这种心理防御机制，你需要设计一些小步子，让自己开始探索。

在《了不起的我》这本书里，我曾讲过促进改变的"小步子原理"。简单来说，就是在改变的路上，迈出小小的一步，获得一个小小的成功。通过不断获得小的成功来积累经验、好处，从而为下一步行动提供心理动力。

什么是有效的小步子呢？通常有三个特征。

特征一：足够小

这个动作的幅度要小到你愿意去尝试。哪怕你想实现的是复杂的、系统性的改变，仍然要从一个很小的动作开始探索和尝试。

我有一位学员叫宇轩，他对自己的工作不满意，一直想换个行业、换份工作。他尝试的方向之一是心理咨询师。他参加了很多心理咨询师的培训课程，可这些课程并没有帮他真正进入这个行业。最近他看到一个机会，一所大学的心理咨询机构在招全职的实习生，需要脱产实习一年。

脱产实习一年意味着他必须离开原来的工作。这让他很犹豫，万一参加实习后，还是没能当成心理咨询师，怎么办？这个实习万一没有他想象的那么有用，怎么办？

如果用小步子原理，我会建议他怎么思考这件事呢？

"去不去全职实习这个决定太大了，你要做的是先迈出更小的一步，比如，找一个参加过这个实习的人聊聊这个项目到底是怎么回事。甚至，还可以拆解出更小的一步，跟周围人或那家机构打听一下，哪里能找到参加过这个实习的人。重要的是，你要问自己，这个动作要有多小，你才愿意做它。"

宇轩听了我的建议，想了想说："对，其实我有渠道联系参加过这个实习的人。只是我以前一直在思考这个项目对我的意义，反而忘了去做更简单的事。"

我经常跟处于转变期的朋友说，要相信命运。因为很多人的转变常常就来自一些微小的行动，在行动中，他们获得了自己从没想过的机会。

特征二：足够轻

也许你会疑惑：这么小的动作有用吗？这就要提到小步子原理的第二个特征：它必须足够轻，轻到你能承受尝试的后果。

还记得前面讲过的雅丽的故事吗？她明明需要一份工作，却陷入了对工作的恐惧之中，迈不出自救的步伐。

我问她怎样才能迈出第一步，她说："最好是有人能向我保证，这一次你只管去试，一定不会再失败，一定会成功。我再也不想承受失败了。"

"再也不想承受失败"的潜台词是，她已经失败了很多次。这让尝试的分量变得越来越重，重到尝试的结果直接决定她是什么样的人、有一个什么样的自我、会有什么样的前途。这个重量让她没有办法迈开步伐。

做尝试的时候，你也许会怀疑：做一个小小的动作有用吗？要知道，"小步子原理"不是一个让我们获得终极成功的策略，而是一个让我们有所行动的策略。它关注的不是结果，而是此时此地的行动。它的目标不是成功，而是创造新的可能性。

小步子原理的核心思想其实是古希腊斯多葛学派的主张：努力控制你能控制的事情，并接纳你不能控制的事情。如果需要"肯定会成功"的担保才能去做一件事，你就只能陷入无法行动的思维方式中。

对于雅丽，我最开始给她设计的小步子是投一份简历。可哪怕这样，对她来说压力也很大。后来我们就改为，不管投不投，先把简历做出来。做完简历后，她正好听其他学员说起另一个城市有家公司正在招聘。凭着做简历带来的信心，她给这家公司打了个电话。和她想象中被拒绝的结果不同，对方很欢迎她，邀请她先去做兼职。

这个结果的意义不只在于提供了一份让变动发生的工作，更在于驱散了一直笼罩在她眼前的恐惧，以及与恐惧相连的自我怀疑。当恐惧和怀疑消退后，几乎是一瞬间，她发现，原来自己还有很多机会可以去尝试，还有很多资源可以去挖掘。这些机会和资源一直都在，只是此前被恐惧遮蔽了。

于是，就在打电话的几天后，雅丽去另一个城市开始了新生活。她一边做兼职，一边寻找新的机会。

特征三：存在关键节点

也许你会想：小步子原理的效果是不是取决于运气呢？并不是。这和它的第三个特征有关。行动往往不是一个单独的行动点，而是一条长长的行动链，就像一副层层叠叠的多米诺骨牌。找到关键的那张牌，也就是找到关键节点，并且推倒它，有时候就会引发一系列连锁反应。

什么是关键节点呢？就是一件看起来很小的事情，但是会带来新的局面。

曾经有位学员问我："我跟男朋友已经分手了，我想彻底结束这段关系，可我还是忍不住给他发微信。我怎么才能断了跟他的联系呢？"

我建议道："删了他的微信。"

她说："可是我舍不得。"

我说："没关系，先删了，舍不得你可以再加回来。"

因为想到还能再加回来，她就利落地删了前男友的微信。伴随微信的删除，她的内心起了一些变化。这个删除的动作就像一个分开的仪式，提醒她，他们的关系真的结束了。好几次她想把前男友的微信加回来，可是就像她在删除时会犹豫一样，加回来她也会犹豫很久。最后，她真的断了和这个男生的联系。

有时候，一些看起来微小的动作会变成关键的节点，推动你形成新的经验。而新的经验又会更新你的自我认知，推动你去发展新的自我。

埃米尼亚·伊瓦拉追踪了三十九个转行的人，把研究写成了

《转行》[1]一书。她发现，和传统的"先计划、后执行"的职业生涯规划做法不同，所有成功转行的人都是先实践，让一些事发生，再去理解这些事对自我的意义，把它变成自我故事的一部分。这种理念可以被简单地解释为"先做后想"。我觉得，"先做后想"的理念不仅适用于职业发展，也适用于所有的自我重建。

书里有一个故事，讲的是一位叫皮埃尔的精神科医生转行成为僧侣的经历，其中包含了很多偶然。比如，皮埃尔的研究兴趣是临终关怀，他一直担任相关领域的志愿者。当他受一家临终关怀中心的邀请去参加一位僧侣的欢迎晚宴时，他对这位僧侣产生了一种强烈的似曾相识的感觉。后来，这位僧侣邀请他参观设有临终关怀小组的寺庙，两个人还合作举办了临终关怀的研讨会。接下来，皮埃尔不断认识新的僧侣，去寺庙的次数也越来越多。而他在任职机构中申请的关于临终关怀中心的提案，却因为政治方面的原因没能获批。这让他对自己所扮演的角色产生了深深的失望，也成为他转型的关键推动因素。

如果不是遇到那位僧侣，如果不是因为自己的提案没有获批，皮埃尔的人生也许会是另一种样子。但这段经历中又蕴含了一些必然，他说："我十三岁时，有一次去布列塔尼度假，无聊时，我看了平生第一本关于佛教的书。后来那本书一直在我的脑海中挥之不去。其实正是佛教把我带到了医学的道路上。"

---

[1] [美]埃米尼亚·伊瓦拉：《转行》，张洪磊、汪珊珊译，机械工业出版社2016年版。

在回忆转行的过程时,皮埃尔认为:"这既是一种翻天覆地的改变,也是一种一成不变。"

他说得对。自我的转变既是一种翻天覆地,也是一种一成不变。这些种子早已种在我们内心深处,只不过我们需要通过很多实践来找到它在现实中的样子。

● 转变工具：在新基础上迈出最小一步

"寻宝"这一站分为两部分，分别是试错式的实践哲学，以及帮助你迈开行动的小步子原理。如何实践这两部分呢？为你推荐一个简单的练习工具。

任务

在新基础上迈出最小一步。

提示

你需要做两件事。

第一件事是遵循实践的逻辑，思考：

（1）我想要去哪里？

（2）我现在在做什么？

（3）我的方法能否帮我到达那里？

（4）如果不能，我要怎么调整？什么是可能的新的方法？

第二件事是在新方法的基础上，尝试迈出最小的一步。

现在，你已经走完了自我转变的第三阶段：踏上新征程。

也许你从旧自我中挖掘出了一些可用的资源，也许你遇到了能指引方向的榜样、导师，也许你还在试错。无论你积累了什么样的新经验，都可以扫描左侧二维码，跟其他读者分享。

第四阶段
获得新自我

故事的最后，英雄会穿越黑森林，完成冒险。在黑森林里，他经受了最艰难的考验，也收获了最珍贵的宝藏。每一场战斗，每一块伤疤，都是他成长的见证。现在，他带着礼物回家了。这份礼物里有财富、名声、地位，但最重要的，是有一个经由转变、见识过更大世界的更好的自己。

转变的结尾，我们也会收获属于自己的礼物——一个新的自我。

第十二站
新信念:进入更广阔的世界

36 新信念是如何诞生的

✱✱✱

不知道在日常的生活或工作中,你有没有遇到过那种特别"定"的人。他们胸怀宽广,能接纳各种变化起伏,哪怕遇到棘手的事,也表现得云淡风轻、宠辱不惊。就好像他们自己的世界广阔无垠,而外在的事看起来不值一提。

这样的人通常经历过许多重要的转变。通过转变,他们升级了重要的信念,从而能包容外在世界的变化,保持自身的稳定。信念成了他们心里的锚。

信念究竟从何而来呢?

信念是心灵在困顿中为自己找到的出路。这个出路最初是为了解决变化中的自我和他人/现实之间的矛盾,然而一旦新信念诞生,就会给我们带来一个新的世界、新的自我。

我在《了不起的我》中写过:"在特定的人生阶段,矛盾会给你很大的压力，就像地壳的两个板块在不停挤压。如果你适应了这个阶段的矛盾，就会收获这个阶段的品质，就好像地壳最终挤压出一座高山，你的格局会跃升到新的层次。行为、思维、关系也会有相应的改变。"

在神话故事中，几乎所有对新世界的发现都要经历这样的历程：先穿过一条逼仄狭窄、充满挤压的通道，才能逐步抵达一个更广阔的世界。

就像《圣经》里说的："你们要进窄门。因为引到灭亡，那门是宽的，路是大的，进去的人也多；引到永生，那门是窄的，路是小的，找着的人也少。"

我们耳熟能详的陶渊明的《桃花源记》，也是这样描写进入桃花源的过程的："林尽水源，便得一山，山有小口，仿佛若有光。便舍船，从口入。初极狭，才通人。复行数十步，豁然开朗。"

每个新生命的诞生，都是通过狭窄的产道的挤压，伴随着痛苦的挣扎，忽然来到了一个新世界。这是人所经历的第一个重要转变。在心灵上，每个新自我的诞生，都需要经历同样的过程。

曾有人问我："人到中年，已经没有升职的空间了。我觉得很苦闷，想换工作，又没有技能，看不到出路，该怎么办？"

对于这个问题，理想的答案当然是去创造一些新的可能性。可是，万一现实无法提供这样的可能性呢？那我们就从心灵中寻找。

就算现实让我们失去一些可能性，但心灵永远会保留下一些可能性。比如，换工作是一种可能性，在平凡的工作中找到意义，也是一种可能性；热爱工作是一种可能性，通过工作挣钱，好好生活，也是一种可能性；拥抱变化是一种可能性，享受岁月静好也是一种可能性……

心灵拥有无与伦比的创造性。它会不断创造新的信念，让我们以不同的方式超越现实的困境，在曲折和矛盾中为自我找到一条出路。

37 新信念创造更大的世界

✳ ✳ ✳

人类面临的困境总是相似的。比如，我们永远会面对不确定的风险，永远会受到来自他人的质疑，永远会遭遇现实的匮乏，永远会面临时间的有限……正因如此，心灵在困境中找到的出路，往往是相似的。

让我用三个例子来说明。

第一个是新信念超越成败、顾虑的例子。这种信念是：成长比成功更重要。

我有个朋友叫志华，他是个十分理性的人，"权衡利弊，做出最优选择"是他的旧信念。他原来在公司里带一支团队，成绩很不错。有一天，老板找到他，希望他去带另一支团队和新项目。那个项目很重要，如果成功，对公司、对他个人都会是很大的突破；可是它很难，前两个主管都在那个项目上折戟，备受质疑，黯然离场。

这让他陷入矛盾：他当然希望自己的事业能有突破，这个项目看起来是一个机会；可是失败的可能性不低，一旦失败，别人就会质疑他的能力,而他又很在意别人的看法。

这让他无比纠结。他分析了各种利弊得失,咨询了很多朋友,依旧无法下定决心。无奈之下,他只能先去了新部门。可他的心并没有安定下来,总在为自己想退路。团队成员能感觉到他的不投入,对他满腹狐疑,项目自然推进得很不顺。

经过一段时间的挣扎,他告诉自己,不能再这样下去了。有一天,他跟团队说:"你们放心,我已经决定了,绝不离开。我对新业务不够熟悉,希望大家给我一些指导,我们一起全力以赴。"接着,他们转换到一个新的方向推进业务,运气不错,得到了不错的反馈,这给了团队更多的信心。慢慢地,他接受了自己的新角色。

志华究竟是怎么从犹豫不决到下定决心背水一战的呢?

他说:"有一天,我在一本传记中读到一句话,'成长比成功更重要'。我一下子明白了,我之所以犹豫不决,是因为一直担心最后的结果。可我问自己,就算结果不确定,努力投入这件事能帮我成长吗?答案是肯定的。那就加油干吧。"

"成长比成功更重要",你是不是觉得这句话很鸡汤?我也是。可就是这句话,帮志华从矛盾中解脱出来,成了他的新信念。

后来他又经历了几次职业变动,越来越有应对变动的经验。回想起当初,他说:"那时候我还会瞻前顾后,现在完全不会了。如果一件事有利于我的成长,我就一定会去做。"

这就是新信念带来的价值。新信念帮他摆脱了害怕失败的包袄，让他能进行更多的尝试、包容更多的错误，也给了他更多行动的空间。

第二个是新信念超越匮乏的例子。这种信念是：珍惜当下。

《英雄之旅》的作者坎贝尔八十岁时，有人在采访中问了一个问题："你想不想变得更年轻？"

他想了想说："当然，我想变回七十一岁。但是再年轻就不要了。"

为什么是七十一岁呢？他说："我是从七十一岁开始，才真正学会了不再执着于一定要完成什么目标，也不再在意社会的评价。我是从七十一岁开始，才真正学会了珍惜当下。"

"珍惜当下"作为一个信念，是如何产生的呢？

我的学员老杨原本是单位里的领导，他非常热爱自己的事业，几乎把所有精力都投入其中。相应地，工作给予了他足够的成就感和回报。可新的现实是，他要退休了。

他提前做了很多心理建设来应对这件事。他告诉自己，以后不会再有那么多人注意他，人走茶凉是正常的。他还安慰自己，以前工作忙，没时间留给自己，现在有闲暇做自己想做的事了。可真的闲下来后，他陷入了空虚。他接受不了自己老了，接受不了往前看的时候什么都没有——不会再有升迁，不会再有成绩，不会再有激动人心的事情发生，有的只是对衰老和死亡的恐惧。于是他陷入了一种匮乏。

直到有一天，他参加了一个帮助人专注于当下的正念禅修营。

他去问师父，怎么克服对衰老的恐惧。

师父说："**如果看不到未来，那你就看现在。你能看到现在的丰盛，就不会恐惧未来。**"

他很受启发，又捡起了年轻时的爱好——画画。画画的时候，他会慢慢忘了自己。接着，他开始读书、养花，偶尔还会到桂花树下喝喝茶。

他说："我在学习珍惜当下。我发现，当我能够珍惜当下时，我就会享受以前没有过的闲适，就能待得住。"

他的生活开始变得有序起来。

如果你缺少通往未来的长度，那你至少可以抓住通往当下的深度。这种深度同样是广阔无垠的，需要有创造力的心灵去发现。

"珍惜当下"是很多人在转变的过程中找到的信念，但这个信念并不容易实现，因为我们总是觉得现在不够好，觉得还有很多事要完成，觉得只有完成了这些事，才能享受真正属于自己的时光。可是，你已经完成了很多过去觉得重要的事，属于自己的美好时光来了吗？

第三个是新信念造就勇气的例子。这种信念是：一切都是体验。

我曾有一位学员瑶瑶，她刚刚结束了一段婚姻。她跟先生是青梅竹马，两个人度过了很多恩爱的时光，先生曾是她的全部。从恋爱到婚姻，先生给了她很多关照。但最终，他出于各种原因离开了她。

感情越好，离开就越艰难。她总是想：我们一起经历过那么多事情，为什么会是这样的结局？如果最终的结局是分开，那我们经历过的美好算什么呢？每当这样想的时候，她就觉得自己不仅失去了未来，还失去了过去，那个她曾经无比珍视的过去。

如果她不能为过去找到一个意义，那段珍贵的过去就会变成一个错误、一段不幸，最终被抹杀。那样的话，她更不知道该怎么面对自己了。

在最痛苦的时候，她看到一句话："人生不过是一场体验。"她忽然觉得自己解脱了。既然人生是一场体验，那无论结果如何，经历的事情都有其价值。

这个信念帮她找到了过去的意义，也帮她更勇敢地面对现在和将来。之前因为感情的挫折，她总是想："我再也不想恋爱了。感情那么好都会离婚，其他的感情更是假的，不会有结果，何必呢？"但现在，她开始想："既然都是体验，就让自己多一些新的体验，就算结果不确定又何妨？"这个信念虽然没有让她完全放下对感情的恐惧，但给了她尝试的勇气。

坎贝尔曾说："当我们在问人生的意义是什么时，我们实际上在问的是，我们所经历的最深刻的人生体验是什么。"

深刻体验是意义感的来源，是生活的本质。体验真正重要的不是好还是坏、快乐还是痛苦，而是深刻还是肤浅。体验是超越成败的东西。既然如此，还有什么比转变过程中告别旧自我、寻找新自我，在矛盾中寻找出路的体验更深刻呢？而这就是转变的价值。

看完上面三个例子，也许你会想：那几句话我也读过，为什么它们没有改变我呢？

在此我要说明一下，我并非想强调那几句话，而是希望你关注信念产生的过程——心灵为了摆脱特定的困境和挣扎而寻找新出路。如果你没在困境里挣扎过，没有经历过切身之痛，那几句话就只是正确而无用的道理。

只有超越外在限制、转向内在的自我，新信念才能创造出更辽阔的精神世界。

"成长比成功更重要"把评价体系从外在的成功转移到了内在的成长，"珍惜当下"把评价体系从不确定的未来转移到了丰盛的当下，"一切都是体验"把评价体系从结果的好坏转移到了体验的深浅——它们都从不同程度加强了自我。

当新信念成为自我的一部分时，你会忽然发现，你面对的是一个更广阔的世界，你会变得更自信、更主动、更无畏、更不被外界左右。新信念伴随着自我转变的矛盾而生，它是新旧自我转变过程中最珍贵的礼物。

● 转变工具：梳理矛盾，寻找新信念

爱因斯坦说过："同一层面的问题，不可能在同一个层面解决，只有在高于它的层面才能解决。"

新的信念可以带我们超越旧有的矛盾，经过那道窄门，进入一个精神上更辽阔的世界。在此，我想介绍一个工具，帮你梳理矛盾、找到新信念。

任务

梳理你正在面对的矛盾，并寻找新信念。

提示

你可以从以下两个方面思考：

1. 你拥有什么样的信念？它是在怎样的矛盾中形成的？它如何指导你的生活？

2. 你处在什么样的矛盾中？"成长比成功更重要""珍惜当下""一切都是体验"这三个信念对你有什么样的启发？

第十三站
指南针：切换评价坐标

38 自我转变的指南针是什么

通常情况下，我们习惯遵循外在的评价标准，并认为它不可动摇，这背后是"依赖"的本能。我们总在寻找依赖的对象，如果现实中没有，就在幻想中制造可依赖的对象。比如，小时候，我们幻想父母是万能的；随着逐渐长大，我们又开始依赖公共秩序、权威人物，觉得它们/他们能提供应对人生难题的答案；结婚后，我们觉得依靠伴侣就能解救自己的人生；发现伴侣靠不住，又会转为依赖孩子，想从孩子身上找到自我的意义……

这种种幻想背后，存在一种隐秘的、从未被明示的心理契约：如果我遵循他人的评价标准行事，他人就有义务满足我的需要。当你意识到它只是由愿望制造出来的幻想后，你就会开始寻找新的、属于自己的评价标准。

我有一位来访者小豪，高中时他一直是优等生，后来如愿考上了名牌大学。但在大学里，他因为一门课程不及格需要补考，陷入了很深的焦虑。他担心别人对自己的看法会改变，尤其是原来高中那些拿他当榜样的同学。越焦虑，他越学不进去；越学不进去，心理负担就越重。到最后，他因为不堪重负而休学了。

这对小豪来说是一个很大的转变，他不仅要跟过去一帆风顺的人生假设告别，还要跟"好学生"的身份告别。他要重新寻找自我。

经过一段时间的心理咨询，他的情绪稳定了一些，准备重新上学。谈到将来可能遇到的困难，我问他："你以前一直想向别人证明自己优秀，这次回去继续上学，你还是会面对别人的目光。你会担心有人觉得你失败吗？"

他说："不会的。这不是失败，这只是暂时的挫折。我还是会努力学习，赶上进度，通过其他方面的成就来证明自己。"

显然，他有了一些进步和新的动力，但我总觉得还不够。于是，我们又继续咨询了一个月的时间。

一个月后，我又问了他同样的问题，而他的回答并没有提及怎么证明自己："别人是谁呢？我觉得没有别人的目光，重要的是我自己看待自己的目光。我只想做好自己，无论怎样，我会努力的。就算我不是一个好学生了，至少还可以做一个好人。"

我很高兴，觉得这时的他才是真的准备好了。果然，他回到学校后适应得还不错。

小豪前后两次的回答有什么区别呢？

"不会失败，我会努力赶上，证明自己"和"没有别人的目光，我只想做好我自己"背后，分别是两种截然不同的评价坐标。

在前一个回答里，小豪沿用的是原有的评价坐标。这时候，他的目标和评价目标成败的标准并没有变，只是在寻找新的办法去实现原有目标。这种转变，讲的往往是逆袭的故事。

逆袭的故事当然很令人痛快，可这种应对方式有一个天然的缺陷：只是在原有的评价体系上寻找资源和方法，本质还是在强化、认同原有的评价体系。可有时候，问题恰恰就出在那个评价体系上。

小豪就是太看重别人的目光，太看重"好学生"的身份，才让失败变成不可承受的负担。当他说"这只是暂时的挫折"时，他的目标并没有改变，关于"好学生"的标准也没有变，他只是改变了那段经历的含义：从"我失败了"变成"我遇到了暂时的挫折"。这当然是进步，可是还不够，因为他真正的困境在于，太看重外在的评价标准，以至于很难接受自己经历了外在评价标准下的失败。

而后一个回答意味着，小豪已经完成了评价坐标从外在到自我的切换，并在新的评价坐标中重新寻找资源和目标。这才是关于成长和转变的故事。

小豪不仅可以直面原有评价标准下的失败，还会从新的视角思考更高维度的问题：我是不是只能成为一个优等生？如果不是，我能成为谁？这样想，他就能放下过去，开始新的生活。

如果你正在经历转变，你不妨问问自己：我到底是沿用了原有的评价坐标，还是在建立新的评价坐标？前一种应对方式，是寻找新的方法；而后一种应对方式，才是寻找新的自我。

有时候，我们需要从新自我的角度去思考，才能理解问题出在哪里。

我有一位学员叫大发，他的职业变动好像陷入了一种循环模式：一旦在一家公司稳定下来，他就会感到恐慌、焦虑，担心自己错过成长的机会，落后于他人；而一旦真的下定决心跳槽到新公司，他又懊悔、自责，怪自己太折腾；在新的公司重新稳定下来后，他又会开始新一轮的折腾和自责。十年过去，他已经从初入职场的年轻人变成了中年人，而他最怀念的还是第一份工作。

他的经历和很多职场人很相似。说成功吧，其实是成功的，他不断走出自己的心理舒适区，薪水涨了不少，履历也更丰富了；说不成功吧，好像也符合，因为总好像差了点什么，至少他不享受自己的工作和生活。

我问过他，这种对成长的强迫式冲动是从哪里来的。

他说："学生时代我就总感到焦虑，可那时的焦虑会有一个出口。我只要不断努力，不断提高学习成绩，超过同学，别人就会用敬佩的眼神看我。所以我一直是'学霸'。"

"也许，我最不能接受的，就是落后于他人。"

而他现在最耿耿于怀的，也是原来的同事和同学。他们有的人升到了管理层，有的人"去纳斯达克敲钟"了，他却还在基层忙碌。

其实，大发一直活在旧的评价坐标中，觉得自己要通过不断努力和成长来超越他人。可是，努力并不能消除他的焦虑，因为总有更成功的人。他的职业生涯并不缺乏努力，而是缺乏对"我想要成为什么样的自己"的思考。更准确地说，他本能地沿袭了旧的评价坐标，觉得自己就应该成为一直比别人强的"学霸"。可是，如果没有新的、"我想成为谁"的评价坐标，他很难不焦虑。

我把这个想法告诉他后，他说："我也这样想过。有时候我会告诉自己，我已经做得很不错了。可情绪不好的时候，我又觉得，这是不是阿Q精神？明明自己不够好，却不想努力，还自己骗自己。总之，我没有办法'躺平'。"

大发的问题代表了很多人的纠结。新的评价坐标并不是"躺平"，也不是自我安慰。新旧评价坐标的区别，不在于努力不努力，而在于为什么努力。

当你"为别人的目光"努力，为"比别人优越"努力，为"别人觉得我应该"努力时，你就还处于旧的评价坐标里。

当你"为自己的价值"努力，为"成为更好的自己"努力，为真正的"我想要"努力时，你就找到了新的评价坐标。

旧的评价坐标会驱使你从外界寻找答案，而新的评价坐标需要你从内心寻找答案。

39 如何把标准从大众切换到自我

新旧评价坐标的核心差异在于，旧坐标是遵循外在的评价标准，新坐标是追求我想要成为的自己。

生活在大众社会，别人的评价自然会对我们产生极大的影响。

最简单的一套大众评价标准是，有钱没钱、在哪里工作、职位高低、有没有结婚、房子多大……如果一个人说“我对人生有另外的标准”，他就好像站到了人群的对立面，难免会产生恐慌感，担心自己是否站错了地方。

因此，脱离这种评价体系，发展新的属于自己的评价坐标，必然十分艰难。但是，我有两个好消息要告诉你。

第一个好消息是：所谓的大众，其实只是想象的产物。

一个经历过很多转变的创业者曾问我：“我是不是一个不典型的创业者？”

我跟她说：“没有典型的创业者。如果你仔细看，每个人都有不同的故事，都是不典型的。”

同理，没有所谓的大众。一方面，每个人都是大众标准的一部分；另一方面，每个人都以各种方式违背了大众的评价体系，并为此烦恼。

第二个好消息是：**就算你开始追求自我，你也并没有远离众人，因为"追求自我"本身正日益成为一种被大众接受的价值观。**

当然，这会带来其他的问题："追求自我"会不会也成为一种我们要遵循的群体压力？我们会不会用"追求自我"的口号来逃避现实的压力？"追求自我"会不会变成刻意的自我标榜和自我中心？

对此，我的想法是，如果你在旷野里独行，忽然遇到走同一条路的同伴，你当然会大为欣喜。可你不是为了要遇到他们才走这条路的，你是为了你自己。

为什么要从大众的评价坐标切换到自我的评价坐标？

因为没有任何一种现成的大众评价坐标，和你的经验、感受、意愿完全契合；也没有任何一种大众评价坐标，能够决定你人生的走向。大众评价坐标只是群体的公约数，从来不是专门为你设计的。如果要对自己的人生负责，你就需要发展出自己的评价标准。

那要如何实现这种评价标准的切换呢？让我用一个例子来说明。

我有一位学员小蓓，她在研究所工作，周围都是教授、博士这样的高知人群，而她仅仅硕士毕业，只能从行政做起。好在院长说："你可以读个在职博士，将来转研究岗。"她渴望成为一名专业人士，对做研究也有很多憧憬。院长的建议听起来是实现理想的最佳路径。

可在研究所待久了，她发现，那些人只是用拼接的材料和勉强的论证来证明所谓的观点，完全就是立场先行。理想撞到了现实，研究所里没有她想做的事，也没有她想成为的人。

让她更失落的是，当她跟老师们交流这个疑惑时，他们却觉得那些人的做法是理所当然的，并好心地鼓励她："这些东西不难学，你要多做研究、多申请课题、多写论文，将来才能评职称。"

她心里憋着一句话，一直没法说出口："不是我不能，是我不想。"

我问她想从事什么研究，她说她想研究社会上的弱势群体，进入他们的生活，去碰触他们真实的生活经验。可从事这样的研究要顶着巨大的压力。大众的评价标准挤压着小蓓自我的评价标准，让好不容易冒出来的"我"的一些想法，变成"我是不是自不量力""我是不是不够了解社会"的自我怀疑。

我们的头脑就是观念的战场。在这个战场上，**你自己的想法并没有天然的优势，除非你选择站在自己这边；而大众的评价标准有一个天然的优势，那就是安全，它有更大的概率许诺你平稳的生活，但它不能许诺你成为自己。**

经过一番漫长而痛苦的思考后，小蓓决定辞职读博，做自己想做的研究。周围的人听了她的决定都摇头惋惜，甚至有好心人提醒她："你辞职去读博士，毕业以后都不一定能进现在的单位。"

她心里想的却是："我读博不是为了回来工作，而是为了做我自己想做的研究。"

显然，她已经建立了新的、更尊重自己看法的评价坐标。我很好奇，她是如何根据"我想要"做出的选择。她说："我并不是一开始就知道自己想要什么，这个过程有三个阶段。"

阶段一：遵循外在的标准

这时的小蓓完全是根据主流的评价坐标行事。

比如，高考填报法学专业，是因为她爸爸说"不能浪费分数，不能考了600分，去填550分就能录取的专业"，她就压着分数线选了一个专业。而硕士读教育学专业，她的理由是："录取我的是大名鼎鼎的P大啊！而且我还是保送的。虽然我都不知道那个专业是做什么的，但所有人都告诉我应该去，我也没法拒绝它。"

我问她："毕业后你是怎么选第一份工作的呢？"

她说："因为这个单位解决北京户口啊！虽然那时候我完全不知道北京户口有什么用，但是既然大家都觉得重要，那它就一定很重要。"

听她这么说，我忍不住笑起来。

"老师，如果知道我的成长经历，你就不会笑了。我来自那种一个班有几百人的超级中学，老师上课是需要用高分贝麦克风的。在那样的中学里，没人在乎你是谁，大家只在乎你考多少分。如果做错了一道题，你就会落后几十名——这个排名就贴在教室门口的墙上。它远远不是用分数评价你那么简单，而是一直在传递一个重要的信息：如果你不优秀，你就是一个废品。"

这样的评价标准变成了一种习惯性选择，可是它并没有给自我留下空间。一旦在现实中经受挫折，发现现实并非自己想要的，你就会像小蓓一样步入第二个阶段。

阶段二：知道自己不想要什么

在找了一份解决北京户口的工作以后，小蓓遇到了困难。

"正是在从事那份工作的过程中，我才知道自己不能这样过下去了。所有事情都让我难受。我的脾气越来越差，跟家人打电话的时间越来越长，身体越来越不好。洗完澡后，头发一把把地掉。晚上还经常失眠。有时候照镜子，我对镜子里的自己有一种陌生感，好像越来越不认识自己了。虽然我还不知道自己想要什么，但是有一个声音在呐喊：我不能再在这里待下去了！"

"不想要"的感觉是尖锐和强烈的。它带着一股冲动的力量，逼着你去正视自己。最初你会想方设法压抑它、忽视它、适应它，直到你发现，再这样下去就会失去自己。

从遵循外在的评价坐标到知道"我不想要"，并不需要特别的方法，只需要你对自己的感觉足够诚实。"不想要"带来的不是追求，而是逃离，但其中蕴含着自我的种子。

随着这个自我逐渐积累，慢慢地，你会进入第三个阶段。

阶段三：逐渐拼凑出"我想要"

此时的你会开始建立新的评价坐标，它的核心是你自己的感受，比如，什么是你讨厌的，什么是你喜欢的，什么是你觉得无聊的，什么是你认为有趣的，什么是你抗拒的，什么是你想投入的……一开始，这些标准很模糊，但随着探索的增加，以及你对自己感受的重视，这个新的评价坐标会逐渐被拼凑完整。你会从中认出想要的自我的样子，然后开始设想，如何创造能够容纳这个新自我的现实。

小蓓发现的"我想要"是她想做有意义的研究。

我问她："当别人告诉你就业形势多糟糕、你做了多么错误的决定时，你是怎么对抗外界的声音的？"

她说："他们说得对。可是我做这个决定不是为了回研究所工作，这不是我出发的理由。"

"那你出发是为了什么？"

"我希望能去研究自己感兴趣的内容。如果我能通过自己的研究帮一部分人讲出他们的感受，让他们被看见，我就会非常开心。"

我说："记住这句话，什么时候都不要忘了它。也许这句话会让你经历很多痛苦和困难，可是记住它，你就不容易迷路。"

从"我不想要"到"我想要"，你需要的是尝试后形成的切身经验，以及根据经验做出选择的勇气。在这个阶段，你开始能够抵御外在的标准和别人的声音。最终，你会形成自己的评价坐标，其中有你从众多"我不想要"中拼凑出来的、想要成为的自己。

40 如何把标准从重要他人切换到自我

✳ ✳ ✳

比起社会大众的评价标准，来自重要他人的评价标准离我们要更近，因此，脱离他们的评价标准也要更难。

在《你当像鸟飞往你的山》里，主人公塔拉生长在一个极端保守的家庭里，她的女性身份是跟低价值、低自尊联系在一起的。爸爸和哥哥肖恩会说，她如果不把自己遮得严严实实，就会成为外面那样的女性，一个"妓女"——"妓女"这个词充满了对女性的极端仇视和厌弃。塔拉是怎么接受了他们的评价标准，对自己的女性身份厌弃起来的呢？

书中有这样一个片段：塔拉逐渐长大，有了男朋友，而她那有严重暴力倾向的哥哥肖恩不接受这件事。有一次，哥哥抓着她的喉咙，拖着她的头发，把她的头摁到马桶里。她睁开眼后，看见一道白光，同时听到哥哥在说她是"贱人""妓女"。

肖恩又对他们的母亲说："除非她承认自己是妓女，否则哪儿都不能去。"

权力要求的，从来都不是暂时的屈服，也不是认错和求饶。它要求的，是改变自我的概念，以他人的方式看待自己。这正是肖恩让塔拉承认自己是"妓女"的目的。

幸好塔拉的另一个哥哥把她解救了出来。可是事情并没有结束。那天晚上，肖恩来到塔拉的床边找她谈心，还送了她一串乳白色的珍珠项链。

权力加上偶尔的温情更为可怕，它会提供这样一种暗示：他可以对我很好，那么他对我不好的时候，一定是我错了。

在那一刻，塔拉的自我概念发生了变化。

他说他看清了我走的路子，那很不好。我在迷失自我，变得和其他女孩一样，轻浮，想要操纵别人，试图用外表去得到想要的东西。

我想到了我的身体，想到它发生的一切变化。我几乎不知道对它有何种感觉：有时我确实希望别人能注意它，赞美它，但我马上想起了珍妮特·巴尼，感觉到一阵厌恶。

……

泰勒几年前也曾说过我很特别……我当时的理解是，我可以相信自己：我身上有某种东西，某种先知们具有的东西，它不论男女，也不分老少，是一种内在的、不可动摇的价值。

但现在，当我凝视着肖恩在我的墙上投下的影子，意识到我日渐成熟的身体，意识到它的邪恶，以及我想用它作恶的欲望，那段记忆的意义发生了变化。突然间，这种价值有了条件，似乎可以被拿走或浪费。它并非与生俱来，而是一种赐予……

我看着哥哥。那一刻，他似乎更成熟、更睿智了。他见过世面，领略过世俗的女人，所以我请求他，不要让我成为那样的女人。

"好吧，鱼眼睛，"他说，"我会的。"

"鱼眼睛"是另一种贬低，可是塔拉接受了它。她同时接受的，还有肖恩对女性的评价。当她再和男生接近的时候，"妓女"这个词就会在她的头脑中闪现，让她不能接受自己。

自我的概念背后，有一种权力的较量。如果你没有意识到自己有定义自己的权力，别人的评价就会封印你，限制住你的可能性。

我在前面曾经举过小童的例子。她因为前男友分手时撂下的"差评"，再也没有开始新的恋爱，还否定了周围人对她的"好评"。从她的故事里，你可以清晰地看到重要他人的观念如何影响一个人的自我评价。

也许你会问："会不会是她在亲密关系里暴露出了很多问题，前男友说的并没错呢？"

对此，我的看法是：关于"我是一个什么样的人"这件事，有两种典型的思考方式。

一种是探究现实的视角。这种思考方式背后有一种假设："关于我是谁"这件事，存在一个绝对客观的真理，我们要做的，就是从各种证据中拼凑出这个真理。所以,当前男友说小童"脾气差"时,小童会寻找很多证据来证明他说得对。

另一种是关系的视角。在关系的视角里,"我是谁"这个问题没有唯一的答案。小童当然可以说"我有发脾气的时候",但她同样可以说"我有情绪稳定的时候"。对于发脾气这件事,她既可以归因于自己脾气不好,也可以归因于前男友经常惹人生气。至于前男友留下的"脾气差"的评价,小童既可以认同"我就是脾气不好",也可以说是前男友对冲突敏感,甚至是他习惯用贴标签的方式评价人……任何一个想法,都可以找到相应的证据。

不过,从探究事实的视角切换到关系的视角,并非一蹴而就。你的头脑里可能有很多来自他人的声音,它们在不停拉扯你。怎样才能拿回自我决定的权力呢?你可以试着问自己以下几个问题。

第一个问题:发生了什么?

不要急着得出结论,先去看具体的事实。**事实是中立的,它对任何权力平等。**当你去探究事实时,你跟那个做出评价的人就有了平等的关系。这能帮你从权力的桎梏中解脱出来。

第二个问题:这是谁的看法?

如果探究现实的视角是"对事不对人",那这个问题就是让你"对人不对事"。

当你问这是谁的看法时,就等于把"我是一个什么样的人"

从确实无疑的"事实"的位置上拉了下来。既然它只是一种看法，来自某个特定的人，那你就可以根据自己跟这个人的关系来思考怎么处理这个观点。

第三个问题：他想借由这个看法向我表达什么？

头脑中的看法只是看法，而被表达的看法常常有特定的意图——当然，不被表达的特定看法也存在某种意图。

你可以思考一下，当一个人说你不好时，他的意图是善意的提醒、委屈的抱怨、不满的愤怒，还是隐秘的控制？就像小童的前男友，他之所以会撂下那样的评价，是因为他有愤怒的情绪。他要通过贬低小童来表达自己的愤怒。

评价者往往在彰显一种权力：我比你更客观，比你更有影响力，所以我比你更有资格定义你是什么样的人。如果你接受了这种影响，那他的观点就会变成你的观点；如果你不接受，那他的观点只代表他影响你的尝试——你的拒绝让这种尝试失败了。

第四个问题：我是否接受他的影响？

这个问题在提醒你，你有权力决定是否接受他人的影响。如果你觉得那个人不再重要了，那你最好把他的影响也放到不重要的位置上，不要被他所谓的权力、地位、智识或影响力吓到。定义你自己，本来就是你的权力。

受不受他人观念的影响，本质上是一种关系。很多时候，我们既希望跟重要他人保持情感的联系，又不想接受他对我们的否定。那怎么办呢？我的建议是，你可以只从情感层面理解自己对他的需要，而不用轻易让渡定义自己的权力。这样做，等于重构了你们的关系，你在把自己变成跟对方一样平等的人。

第五个问题：什么是我想要的看法？

只决定接受还是拒绝某种看法并不够，你还需要寻找属于自己的答案，关于"我是谁"的答案。

对于这个问题，很多人的回答是"我不知道"。有时候，也许我们被他人影响得太深了，不知道去哪里寻找这个问题的答案。可是，不知道也比不假思索地接受别人的观点要好。因为寻找这个答案的过程，也是你获得新的评价坐标的过程。

如前面所说，头脑是观念的战场。**在跟重要他人的观念博弈时，比拼的其实是影响力。** 只有意识到这个比拼发生在你的主场，你有权力决定谁的影响力更大，你才会有意识地做出选择。

也许你会问："陈老师，你的意思是，我不能接受别人的影响吗？"

当然不是。事实上，要搞清楚"你是谁"，需要很多来自他人的客观的反馈。有时候，他人善意的建议确实能帮助我们自省和改变。

我在这里强调的是，你需要从一种不假思索的从属地位中解脱出来，自主地选择要接受谁的影响，要在哪些方面接受他的影响、哪些方面不接受，以及你要在多大程度上接受他的影响。

被前男友评价"封印"住的小童在日记里写了一段话："我曾经把你当作很重要的人，所以我才愿意接受你的影响。可是，哪怕现在你仍然很重要，我也要收回这种影响。我要去新的关系里重新寻找我自己。"

● 转变工具：六个维度，脱离关系的影响

人的看法是在关系中产生的。我们怎么看一件事，不只代表了我们对这件事的看法，有时候也代表了我们在关系中受到了谁的影响。而寻找新的评价坐标，就是从这些关系的影响中脱离出来，去思考自己的想法。

任务

思考一件在转变过程中一直困扰你的事。

提示

你可以从以下六个维度思考：

1. 我对这件事的看法受到了谁的影响？
2. 我和他的关系是怎么样的？
3. 我希望跟他建立什么样的关系？
4. 如果这种新关系成立，我对这件事的看法是怎样的？
5. 我希望自己怎么看这件事？
6. 如果这个看法成立，我和他会是什么样的关系？

第十四站
炼金术：创造新现实

41 将自我和现实分开

✳ ✳ ✳

新旧自我的更替，不仅需要在关系层面完成评价体系的切换——从大众和他人的观点切换到自我感受上，还需要在现实层面完成从外在的利弊得失到自我的评价体系的切换。这也是新自我的重要内涵之一。

那么，要怎么实现这种切换呢？我把这个过程称为"炼金术"，它分为四个阶段：扭曲现实、屈从现实、超越现实、超越自我。

这一节，我先来介绍"扭曲现实"。

有部电影叫《至暗时刻》，讲的就是丘吉尔的转变历程。丘吉尔上台时，英国正处于"二战"中最危险的阶段。英军的精锐部队被德军围困在敦刻尔克，眼看要全军覆没。而前任首相张伯伦刚刚下台，在议会的势力犹存。丘吉尔过往的政绩并不亮眼，跟国王的关系也不好。所有人都质疑他，等着看他出丑下台。而他要做的是关系到大英帝国乃至整个世界走向的决定。

丘吉尔当然是主战派，但他并非一开始就发展出了真正的信念。

影片一开始，丘吉尔虽然说"我要战斗"，看起来很有信心，其实他并没有认识到这件事的凶险程度，只是用"敌人没那么强大""我能赢"之类的话给自己打气。这种乐观只是因为不敢直面残酷的现实。

电影里有一个场景，描述的是他跟法国总理打电话商讨对策。当法国总理说没有对策时，他冲着话筒大喊："德军并不强大，没什么了不起！"法国总理觉得他得了妄想症。

确实，这是一种妄想症。人在面对巨大压力时，有时候会用一种罔顾现实的盲目乐观来支撑行动。这种乐观会遮住现实，让人转而去幻想中寻求安慰——这就是"扭曲现实"。处于这个阶段的人看起来很坚定，但那只是固执的自我封闭与防御。它的背后，是自我与现实的融合。人们看到的"现实"，是自己的需要和欲望的产物，而不是独立于自我的现实。

发展心理学认为，人并不是打一出生就知道世界与自己不同。婴儿会觉得，这个世界对自己有神奇的回应：我哭了，就会有人来喂奶、抚慰我；我笑了，就会有人来逗我开心。因为自己的需要总能引起世界的反应,婴儿就会形成一个幻想:我跟世界是融为一体的,或者说,这个世界包含在我之中。很多精神分析理论甚至认为,这种融合一体的状态就是神话里伊甸园的原型。

可是随着人逐渐成长,这种幻想会被真正的现实替代。人会发现,现实并不会根据自己的愿望和需要而改变——原来现实跟自我是彼此独立的。随着自我和现实的分离,"自我"就诞生了。

从宏观的人格发展规律看,人格的成熟意味着我们能把愿望和现实分开。但是在特定压力下,当我们面对一个很难接受的现实时,融合的现象还会出现,幻想还会代替现实。

我曾经看过一则新闻,一个"鸡娃"的妈妈用各种严苛的方式对待上初中的孩子。结果,有一天孩子不堪重负,跳楼了。万幸,孩子只是受了伤,被拉到医院抢救。当这个妈妈赶到医院时,她对孩子说的第一句话是:"那明天的课怎么办?"

很多人骂这个妈妈,觉得她太不近人情,但我不这样觉得。我觉得,这个妈妈只是被吓坏了。她没有办法接受现实,更不知道该怎么面对变化,所以在头脑中回避了它。"明天的课"代表的是她希望一切一如既往的愿望。

在扭曲现实的阶段,人们会把事情往简单和容易的方向曲解,甚至希望现实没有发生任何改变,以此来保留自己的愿望。如果现实与假设不符,他们的第一反应不是去理解和处理现实,而是去怪世界为什么背叛了自己,变得"怨天尤人"。

"怨天尤人",就是认为"天"会照顾我们情感的需要,是一种拟人化倾向，它本身就是自我与现实融合的产物。

几年前，网络上忽然出现了一个现象级视频，引发了全网讨论。这个视频就是《回村三天，二舅治好了我的精神内耗》。

它讲的也是一个关于转变的故事。视频里的二舅原来是村里的天才少年，人很聪明，学习成绩也很好。按正常的发展轨迹，他应该会考上大学，有一个美好的前途。可是他十几岁时发了一次烧，被村医打了针以后，再也站不起来了。

这当然是一个很难接受的现实。如果二舅接受了这个现实，他就要接受自己不再是那个前途光明的天才少年，而是变成了残疾人。

接受现实意味着，你要跟头脑中理想的自我告别，去接受一个你不愿接受的自己。你没有做错任何事，却要承担这一切，只因为它是现实。

二舅先是在床上躺了三年，内心充满了对现实愤恨的拒绝。后来，他拿起一本医书，想通过学医来治疗自己——这是他与现实讨价还价的努力。当他发现现实连讨价还价的机会都没有留给自己时，他才慢慢接受了这个艰难的现实。再往后，他偶然看到一个木匠做木工，看了很久，便让父亲给自己买了一套工具，开始学习木工。这时，他终于开始在现实的基础上寻找新的出路。

二舅后来还遇到过很多生活难题，但都被他以一种宽容、豁达的态度应对过去了。正因为之前接受了那么残酷的现实，他获得了一种超出常人的豁达。

转变是艰难的，可艰难的转变赠予了我们一个礼物——接受现实的能力。艰难的现实撑大了你的胸怀，也丰满了你应对现实的智慧。

当你意识到现实不会因为你的喜怒哀乐而有任何改变时，你就会慢慢地把自己和现实分开。这时候，你才能审视它、理解它、处理它、接纳它。

接纳了现实，你也就接纳了你自己。

42 从屈从现实到超越现实

✳ ✳ ✳

还是从电影《至暗时刻》讲起。在面对德军这个强大的对手时，丘吉尔故作坚强，往乐观的方向扭曲现实。不过，现实很快会显露它凶狠的獠牙。

面对被围困在敦刻尔克的英国陆军很可能全军覆没的状况，丘吉尔想不出任何解救的办法。他不得不派出驻扎在附近的四千多名战士当炮灰去进攻德军，唯一的作用只是延缓德军的进攻。当他要承担起这些战士无谓牺牲的责任时（后来事实证明，这个延缓的时机作用巨大），他才真正意识到德军的强大。盲目乐观转为纠结，他进入了第二个阶段——屈从现实。

这时，英国外交部部长建议跟德国和谈，因为希特勒承诺，只要英军保持中立，就尊重英国的独立和主权。丘吉尔开始趋利避害，想看清楚，战斗与和谈，究竟哪一个对英国更有利。他甚至听从外交部部长的建议，试着通过墨索里尼跟希特勒接触，商讨和谈的条件。

就像电影里的丘吉尔一样，人在不得不面对残酷的现实时，第一反应常常是觉得现实太强大，自我太渺小。于是，很多人会选择屈从现实。

什么是屈从现实呢?假想一下,你有一位严厉的父亲。如果你做的事顺他的意,你就会获得奖励,不顺他的意,则会受到惩罚。那你就会逐渐习得一种应对方式:忽略自己的想法和感受,只根据现实的利弊得失来做决定。这时候,屈从现实就成了你的最佳选择。

如果说,在与现实融合的阶段,人们分不清什么是愿望、什么是现实,那么在屈从现实的阶段,领教过现实威力的人们,思想开始被现实左右,陷入一种短期的功利主义思维:怎么做对我有利,怎么做看起来能成功,我就怎么做。现实,而且常常是短期的现实,成了他们决策的唯一依据。

他们并不相信自己,而是相信现实。

不过,无论如何,人是没有办法长期忽视自我的。一个人在自我与现实的夹缝中痛苦、纠结得足够久,就会进入第三个阶段——超越现实。

在这个阶段,人们内心有一些重要的东西开始生长。他们开始摆脱趋利避害的限制,不再通过外在的线索去找行动的依据,而是回到内心。

就像丘吉尔,在经历一段痛苦的挣扎后,他去跟国王接触,又去地铁倾听普通民众的心声,最终下定决心要跟德军对战。

电影里有一场特别重要的演讲,是他在下议院与议员沟通时做的即兴演讲，揭示了他内心的变化。

"今天下午，我将跟外阁的各位讲一讲跟我们国家安全有关的事。在这个非常时期，战时内阁正在起草文件，表达我们愿意通过墨索里尼那个希特勒的马屁精跟希特勒展开和平谈判的意向。

"最近这几天我仔细思考了一下，考虑跟那家伙展开和平谈判是不是我职责的一部分，不过之后，我跟奥利弗·威尔逊、杰西·萨顿夫人、阿比盖尔·沃克夫人、马库斯·彼得斯、莫里斯·贝克、爱丽丝·辛普森及玛格丽特·杰罗姆小姐[①]聊过。这些我们国家勇敢、正直、真实的民众们，强烈认为我们现在考虑和平谈判根本没有意义，我们应该继续战斗到最后一刻……

"我问了民众一个更深入的问题，也就是现在我要问你们的：'和谈最后会让我们处于什么境地？'

"有人可能会受益，我是说那帮达官贵族或许能享受到好的待遇，在自己的乡间安全屋里苟且偷生，可他们无法亲眼看到纳粹的旗帜飘扬在白金汉宫、温莎城堡以及我们的议会大厦上。"

（台下的议员们大喊着："不行，绝对不行，我们不妥协！"）

"所以我才来找你们，在这个生死存亡的时刻来问你们的想

[①] 这些都是丘吉尔在地铁里遇到的普通民众的名字。

法。知道吗?我这些新朋友跟我说,哪怕我有一丝和谈或者投降的想法,你们可能都会反对我,甚至要把我撕成碎片。他们说错了吗?"

(议员们大喊:"没有!")

"他们说错了吗?"

(议员们大喊:"没有!")

"你们的心声我听到了,我全都听到了。看来你们的愿望也是这样。如果我们英国的悠久历史势必终结的话,那就让历史随着我们在自己的土地上前赴后继地牺牲而彻底终结吧!"

为什么丘吉尔不像他在第一个阶段那样说"我们一定会胜利",而是说"如果我们英国的悠久历史势必终结的话,就让它彻底终结"呢?

如果你以为,后一句话只是表明丘吉尔在"战斗"和"投降"之间选择了"战斗",那你就错了。这句话真正的含义是,**丘吉尔做出选择的判断依据变了。他选择的依据,从能否赢得这场战争,变成了英国要成为一个什么样的国家。**

这才是这场演讲具有巨大感召力的原因。

丘吉尔的故事并非特例,很多伟大的作品都描述了自我超越现实的重要时刻,那种在转变过程中发生的、人类心灵成长的伟大时刻。

回顾本书前面关于"保护性价值观"和"契机"的内容,你会更理解对自我的坚持为什么如此重要。如果说，那时候我们坚持的自我还是模模糊糊的，那么当我们走完整个转变历程时，自我的轮廓会越来越清晰。你会惊讶地发现，整个转变的历程仿佛都是在等这一刻：**你想要的自我超越了现实的利弊得失，成为决策最重要的依据。这把你带到了一条更辽阔的道路上。**

从这时开始，你不再是现实的傀儡，你的自我开始为现实"立法"。

43 成为现实的创造者

✦ ✦ ✦

从以现实的利弊得失为决策依据，到以"我想要的自我"为决策依据，这种转变的意义何在？为什么说整个转变过程都是在等待这个心灵成长的伟大时刻呢？

首先，这种转变能帮你脱离左右摇摆的纠结，释放巨大的行动力和创造力。就像电影里，丘吉尔是在超越了现实后，才想到征用民船从敦刻尔克把士兵撤回来的办法。这并不是偶然。

我们屈从现实的利弊得失，是为了获得好结果。可有时候，只有超越现实，全力以赴，才能真正获得好结果。这个好结果并不来自你对现实的预测，而是来自你自己的创造力。

其次，这种转变会让你产生一种信念。这种信念会成为你心里的锚点，你就会知道，在面对一些很艰难的判断时该如何做选择。

最后，最重要的变化是，你有了一个新的自我——创造者。当自我有了清晰的形状时，你就明确了自己想要追求的是什么。未来也许依然模糊，但你会发现自己并不需要看清未来，未来是要通过你的手来塑造的。相反，是信念给了模糊的未来以形状。未来不是用来预测的，而是要通过你的手来塑造的。

创造者会怎么面对现实呢?他既不会扭曲现实,也不会屈从于现实,更不会反抗现实。他会理解现实、处理现实,把现实当作材料,去创造自己的"我想要"。

如果你是一个雕塑家,现实就是你手里的泥巴。拿到不顺手的泥巴,你可能会抱怨"这种泥巴怎么那么难用"。可作为雕塑家,你不会轻易停止创作,而是会想各种办法,充分利用泥巴去实现你想表达的东西。

无论你有什么样的自我要实现,某种程度上,你就是自己生活的雕塑家。

《最小阻力之路》①的作者罗伯特·弗里茨描述了创造的心理历程:创造者需要先在头脑中构想出"我想要"的样子,然后看清自己面临的现实,最终构建出从现实到"我想要"的道路。

作为创造者的自我是转变最重要的成果,它同样超越了现实的利弊得失。

有趣的是,自我不仅需要超越既有的现实,有时候还要超越"自我"。这正是我想讲的第四个阶段——自我超越。

当我们为"我想要"努力时,这个"我想要"当然会成为自我意志的体现。可是别忘了,无论"我想要"是什么,它都是有具体内容的,比如写一本书、画一幅画或者创立一个企业。正是

---

① [美]罗伯特·弗里茨:《最小阻力之路》,陈荣彬译,华夏出版社2021年版。

这个具体的内容，让"我想要"不至于变成空泛的自恋。

那么，到底是"我想要"中的"我"重要，还是"想要"实现的具体内容重要呢？

自我当然是重要的，可是在创造中，它的重要性体现在它有能力去创造比"自我"更重要的东西。当你努力把头脑中那个重要的理念变成现实时，你不需要花费精力去维护"自我"了，也不需要因为怕"自我"受伤而不敢尝试。你会把所有精力释放出来，去创造那个比"自我"更重要的"想要"，全力以赴到忘了自己。这时候，"自我"就变成了孕育那个重要东西的通道。

《麦田里的守望者》里有一句话："一个不成熟男子的标志是他愿意为某种事业英勇地死去，一个成熟男子的标志是他愿意为某种事业卑贱地活着。"[①]前者在意的是自己是一个什么样的人，而后者在意的是这种事业能否成功。我们也可以把事业替换成某种理念、某个爱人，等等。

"为某种事业卑贱地活着"算是另一种"失去自我"吗？我觉得不是。"失去自我"是屈从于现实的压力而做出的反应；为事业卑贱地活，是因为"爱"这个事业。反应是不假思索的，不需要自我也能做；选择却是深思熟虑的，只有成熟的自我才能做。选择是我们借由创造，把自我融入比我们更强大的东西的方式。

正是这样的选择，才成就了自我的伟大。

---

① [美]J.D.塞林格：《麦田里的守望者》，施咸荣译，译林出版社2022年版。

事实上,"自我与现实"和"自我与关系"的进化有相似的历程。最后,让我们来做一个比较:

表 4-1

自我与现实			自我与关系		
阶段	特征	表现	阶段	特征	表现
扭曲现实	融合	1.自我与现实融合,用幻想代替现实 2.认为世界会满足自己的需要 3.当事情非"我"所想时,用生气、抱怨替代解决问题	扭曲关系	融合	1.自我与关系融合,用理想化的形象代替他人 2.认为他人应该满足自己的需要 3.当他人非"我"所想时,用生气、抱怨替代沟通
屈从现实	功利	1.认为现实比自己更强大 2.以忽略自我的方式适应现实 3.陷入"功利主义"思维,把现实的利弊得失作为决策的唯一依据	屈从关系	讨好	1.认为他人是比自己更强大的权威 2.以牺牲自我的方式讨好他人 3.把他人的认可和评价作为决策的唯一依据
超越现实	独立	1.把自我和现实分离开,认同现实是独立于自我的力量 2.理解现实的同时,认可自我的力量 3.以信念(价值观)而非利弊得失作为决策依据 4.以不失去自我的方式处理现实 5.做出自己的选择,而非被迫做出选择	超越关系	独立	1.把自我和他人分离开,认同他人是独立于自我的个体 2.理解他人的同时,正视自我的感受和需要 3.以自我的信念而非他人的反应作为决策依据 4.以不失去自我的方式处理关系 5.做出自己的选择,而非被迫做出选择
超越自我	创造	1.用头脑的构思引导实践,创造现实 2.因爱而投入	超越自我	奉献	1.用头脑的构思引导实践,经营关系 2.因爱而奉献

44 道路和自由

✳ ✳ ✳

从大众、他人和现实的评价标准切换到自我的评价标准，是自我转变这趟旅程的起点，也是它的终点。

让我们回顾一下这趟旅程：转变的起点是，你有不容于大众、他人和现实的"我想要"；然后，你经历了艰难的告别，脱离了旧有的评价体系；接着，你走进混沌的黑森林，寻找旧自我的资源，寻找新的守护者，创造新的经验，为建立新的评价体系寻找素材。

现在，迷路的人找到了指南针。新的指南针指向了他自己。

如果是这样，这趟旅程的意义究竟在哪里？答案是：自由。

曾有学员问我："老师，我很佩服你当时敢做出离开学校的决定。你现在似乎过得不错，所以一定觉得当初的选择很正确。可是设想一下，如果你离开学校后，挣的钱没有原来多，发展也没有原来好，你会不会后悔自己的选择呢？这正是我目前的困境。"

这不只是他的困境，也是很多人在转变期会问自己的问题。这个问题也让我思考：我们在做出人生的重要选择时，选择的究竟是什么？是挣更多的钱、取得更大的成功吗？好像并不是，至少一开始不是。可是，如果没能挣到更多的钱、取得更大的成功，又怎么证明选择是对的呢？

我的朋友万旭之前在一个大平台任职，后来被老板委派去拓展海外市场。当他战胜千难万险，终于把海外业务做起来后，老板却没有兑现承诺，只愿意给他一半的奖金。他一气之下放弃马上到手的巨额奖金，离开了公司，打算白手起家，自己创业。

和很多人的转变故事一样，他勇敢地离开自己熟悉的环境，开始了新的征程。可是，英雄依然会眷恋故乡，万旭也不可避免地惦记起自己的损失。放弃巨大财富后的失落，新事业刚起步的挫折和自我怀疑，还有对老板背信弃义的愤怒，都在深深地折磨他，让他忍不住怀疑：如果当初没做这个决定，而是以更好的方式处理问题，结果会不会不一样？

他向我请教，怎样才能从这种失落中走出来。

我问他："当初你为什么要出来自己创业？"

他说："表面上是我跟老板有矛盾，本质上，我想当一个创业者。我的偶像是乔布斯、马斯克。我经常读他们的传记，被他们的经历感动。我想成为一个更自由的创造者，为世界创造更大的价值。"

他说这些话的时候，热情溢于言表。

我说："记住你说的话，它是你的故事。人最大的迷失，就是忘记自己的故事。忘记自己的故事，就会忘记自己为何出发。"

我又问他："你选择了一条特别的路，你觉得这条路值得走吗?"

他说:"当然值得,它是我的信仰。"

"好,那就把你的纠结和后悔,看作你对要走的路信仰得还不够虔诚。"

回到本节开篇那位学员的问题上,我想,他可能问错了问题。挣更多的钱、取得更大的成功是旧评价体系的产物,而非一个寻求转变之人做出选择的理由。

就像一个原本打算去罗马的人,中途转道去了耶路撒冷,你不能问他:"去耶路撒冷能更快到罗马吗?"你应该问他:"相比去罗马,去耶路撒冷是一条更值得走的路吗?"

这是我们对道路的信仰。

新道路和旧道路的区别是什么?就是遵循大众标准、他人标准、外在标准,和回到自我评价标准的区别。新的道路当然可能给你带来新的、更大的成功,但这并不是你出发的理由。你出发的理由是,你有一个未知的、对你很重要的自我想要实现。正是为了这个自我,你才愿意忍受困难,接受挑战,勇敢去面对各种不确定。

其实我理解提问的那位学员的困境,也理解万旭的纠结和失落。这是每个经历转变的人都会有的迷茫和困惑。一个人做出某种选择,背后其实是选择了一个新的评价坐标。可转变最艰难的地方在于,就算你已经做出了选择,那个新的评价体系也不会马上成为你的一部分，你还是会对它充满怀疑。你需要一些时间去理解发生在自己身上的事情究竟是什么。直到原来的评价坐标慢慢坍塌，新的评价坐标逐渐成形，选择才算真正完成，你才能彻底放下。

日本著名动画导演今敏导过一部电影叫《千年女优》，主角是一位女演员。她不停地追逐一个只有一面之缘的爱人，穿越千山万水，却怎么都追不到。这样的故事在不同的剧本中不停轮回。最后女演员明白了，这就是她的命运。电影的最后一幕，她的爱人在太空遇险，而她选择了义无反顾地坐上一去不返的宇宙飞船。别人都劝她："没有用的，你知道追不到的，这一去你就回不来了。你明明知道结局，为什么要豁出性命去做这件事呢？"

在飞船点火的那一刻，她说："因为我喜欢那个追求爱情的自己。"

这部电影看起来是一个悲剧。可是，你有没有从中看到某种力量？

这部电影讲的其实就是自由。当女演员说"我喜欢那个追求爱情的自己"时，她获得了一种自由，从外在的对成败的评价标准中解脱出来的自由。你可别小看这种自由，它是心灵的巨大成就。

当初从学校离开后，我对自己说："我选择离开是为了自由。"但其实，那时我并不理解什么是自由。我以为自由就是少些琐事，少些外在环境的束缚。后来我才逐渐明白，真正的束缚来自我的内心——那些外在的评价标准早已变成了我内心的一部分。

自由的本质，不是离开某个外在的关系或环境，而是一个人能彻底从外在的评价体系切换成内在的评价体系。 这样他才有足够的空间来决定什么事对自己真正重要。当这种决定变成了习惯时，谁都没法再剥夺这种自由。

我有一位来访者叫小路，他在追求梦想的道路上经历过很多失败。他考了好几次研究生才考上。毕业以后，找工作也不太顺利。他一直想当律师，司法考试考了两次都没通过。这样备考当然会影响工作，他只能找那种清闲又底层的工作。第三次报考时，周围人都劝他算了，脚踏实地找个正经工作吧。他也开始怀疑自己，一翻开书就焦虑，于是问我："我该坚持还是放弃？"

虽然我们总说不要害怕失败，可在现实里，失败就是很可怕的东西。小路经历的失败并不会消失，反而会不断提醒他：你不够好，你在追求自己配不上的东西。这就是他焦虑的来源。

对于他的问题，我没有直接给出答案，而是问他："假如选择放弃，你之后准备怎么过？"

他说："放弃的话，我就不用看书了。可以早早回家，跟我妈妈一起看电视剧。"

我问："那你喜欢那样的自己吗？"

他说："不喜欢。其实我试过了，那样过了一星期就觉得无聊透顶。相比之下，我倒是更喜欢准备考试的自己，虽然焦虑，可是至少有希望和活力。"

我说："那就去追求你喜欢的那个自己。我也不知道你能不能考上，可是有时候希望和活力本身就是回报。"

所以，如果你也正在为转变而焦虑，不妨问问自己：

"我喜欢现在的自己吗？"

"我能做些什么，让我更喜欢今天的自己？"

不要小看这两个问题，它们预示着通往自由的道路。

因为你从来不是发生在你身上的事，你是你选择成为的人。

● 转变工具：用两种思考方式思考同一件事

面对现实，除了顺从和反抗，还有重要的第三条道路，那就是理解和利用现实。屈从于现实和利用现实去创造的最大区别是，前者意味着现实会决定我们的行动，后者则意味着我们可以用行动去弥补目标与现实间的鸿沟。

任务

用两种方式分别思考现在困扰你的一件事。

提示

方式一：我有什么？我可以做什么？

方式二：我的目标是什么？我现在有什么？我能做什么来弥补两者之间的差距？

这两种思考方式有什么区别？分别给你带来了怎样的感受呢？

第十五站
新故事：书写你自己的传奇

45 属于你的人生故事

✳ ✳ ✳

当你看到这里时，意味着转变终于迎来了它最后的一步——书写新故事。

说起故事，你一定不陌生。我们是伴着故事长大的。牙牙学语时，父母就会给我们讲故事。等到识字了，我们开始自己读故事。再长大一些，读小说、看电视、看电影，都是在投身故事中，和主人公一起经历他们的人生，或为他们振奋，或为他们叹息。

现在，你也有了自己的新故事，转变的历程是这个故事里最为重要的情节。它是一个什么样的故事？你在故事中又扮演了怎样的角色呢？

转变从来不是解决一个具体的问题，而是经历，它由一条完整的道路串联起来。

这条完整的道路是什么？在"响应召唤"阶段，自我中懵懂的、不容于环境的部分推动你做出选择；在"脱离旧自我"阶段，失去了目标、身份、关系的你，进入"黑森林"寻找新的自我的坐标；在"踏上新征途"阶段，你不仅找回了旧自我中最有力量的部分，加入了自己认同的新群体，还从实践创造的新经验中找到了新自我的信息；最后，在"获得新自我"阶段，你看清了"响应召唤"时那个懵懂的自我的样子，还从失去中逐渐找到了新的评价坐标——那个评价坐标不再是外在的世界或他人，而是你自己。

这条道路是你的故事，也是我的故事，是很多经历过转变的人汇总、凝结、归纳出来的故事。单独来看，每个故事都不相同，可是把它们汇总起来，你会发现，它们其实是同一个故事。

那是自我超越平凡现实的故事，是从失去中又得到的故事，是心灵突破现实的限制、经由"我想要"的指引实现自身的故事，是我们在迷茫中重新找到自己的故事。这不断重复书写的故事，是人类最了不起的心灵史。现在，它经由你的转变经历重现。

故事有一种特别的"历险感"，它为俗世的生活披上了一层神圣的外衣。

转行不只是转行，更是一个人离开熟悉的村庄，去往黑森林；理想不只是理想，更是我们在努力寻找的圣杯或宝藏。从心灵史的角度看，每一个在现实中挣扎着寻找出路的人，都是跟恶龙作战的英雄；而恶龙不仅是现实的困难，还是我们要超越的人生弱点。所以，不要害怕，一个完整的故事必然是包含历险的。

如果你正经历转变，还没有走到终点，转变的故事会为你提供范本，让你知道你正在经历什么、接下来会经历什么。

人在失落的时候往往容易变得慌乱，总想抓住一些东西。转变的故事就是你能够抓住的东西之一。但你会一边抓住它，一边又忍不住怀疑它。你会不停地想：万一这个故事不成立呢？万一我从此一蹶不振，再也找不到新自我呢？万一我一直沉溺在后悔中，想要回到过去呢？

不要因为这些疑虑而害怕讲你的故事。越是疑虑，你越是需要一个关于转变的故事。它会帮你整理经验，为你指引未来。不要害怕故事的破绽，故事不是一开始就成真的，它是讲着讲着才成真的。

转变常常把我们推往心理上的陌生之境，这时候，故事就变成了地图。我们经由转变的故事来整理自己的经验，为这段经历命名。

故事也可以是反过来的。你之所以要经历那么多痛苦，可能就是为了成就一个好故事，一个独属于你的故事。

就像斯多葛派哲学家塞内卡所说："生活就像故事，重要的不是它有多长，而是它有多好。"故事的好坏，才是生活的本质。

● 转变工具：讲一个关于自我转变的故事

在自我转变的最后一站，我们学习了如何从故事的角度来看待人生转变，从而拥有一种"历险感"。

任务

讲一个关于自我转变的故事。

提示

1.故事可以包含关于转变的任一阶段或全部阶段——响应召唤、脱离旧自我、踏上新征程、获得新自我。

2.故事可以包括转变历程中的一个或几个关键要素，如艰难的选择、和过去告别、面对失去和不确定、寻找容器、寻找守护者、创造新的可能性、发现新的自我等。

3.故事可以完全写实，也可以有部分虚构，甚至可以是基于幻想的。最重要的是，它应该和你曾经经历或正在经历的人生主题相呼应。如果你正处于某个关口，这个故事最好能包含你想象中事情是如何往前发展的。

现在，你已经走完了自我转变的最后一个阶段：获得新自我。

在自我转变旅程的最后一站，你迎来了一个属于自己的新故事。如果你愿意将这个故事写下来，并分享给更多人，可以扫描左侧二维码。同时，你也可以看到其他人的故事。

后记

走出黑森林之后，我们要去哪里

转变的旅程也许并未结束，可是这本书马上就要结束了。

它不是为春风得意的人写的。如果你曾经或正在遭受挫折、经历失去、努力挣扎着寻找新自我，那它就是为你写的。因为只有经历过这些的你，才知道这本书说的是什么。

在最后，我想跟你聊一聊这本书背后的因缘。

近一点的因缘，是我在得到图书出版的第一本书《了不起的我》。

这本书很受欢迎，其中有一章讲的是人生重要的转折期。很多读者跟我反馈说，这部分内容触动了他们。他们中有些人跟前老板闹翻，离开了公司，正在寻找新的事业；有些人告别了多年的婚姻，正在艰难地适应一个人的生活；有些人遭遇了创业的挫折，正在琢磨如何东山再起……他们表示惊讶，居然有人真的能够讲出他们所经历的、难以对别人讲述的心路历程。

我知道他们为什么惊讶。因为我讲到了他们在转变过程中最重要的经验——那种深刻的失落感。失落很痛,也很隐秘,它不像愤怒那么容易被说出口。失落背后,总有一种羞愧。就像一个人失去了重要的东西,受了伤,他最先想到的不是伤有多痛,而是怎么把伤藏起来,防止被周围的人看见,并因此觉得他是不好的人。

失落的人所承受的不仅是失去的痛,还有因为这种失去而变成异类的孤独。这种孤独很难对别人说起,他们往往只有在夜深人静的时候才有机会面对它,为它悲伤和哭泣。

他们觉得转折期的内容有帮助,是因为我不仅看到了失落,还看到了失落对他们的意义——在转变中努力寻找新的自我。

还有很多读者觉得那部分写得太简略。确实,对于如此重要的主题,我需要花更多的时间来理解它、剖析它。

这几年,我一直想写一本书,把"转变"这个主题讲得更清楚。我先是做了一个关于自我转变的训练营,参与并理解了很多学员的转变;又在得到App开了一门名为《自我转变50讲》的课程,帮助用户度过他们重要的转折期。对转变的主题理解得越深,我的感慨越多,也就有越多的东西想要分享。

于是,就有了你眼前的这本书。

而这本书更远的因缘是我自己的经历。

那是我以前经常讲，也讲了很久的故事，现在偶尔我还会讲。只不过，我以前讲这个故事，是为了自己；现在讲这个故事，是为了其他身处转变中的人。

几年前，我离开浙江大学，放弃了过几周就会分配到手的房子。我一边失落不已，一边努力理解发生在自己身上的事究竟是什么。如今我早已经由这个转变进入了一个更大的世界，那些遥远的失落只剩模糊的印象。

我在《重新找回自我》这本书里记录了这段经历。

当初，意识到自己失去了大学老师的身份后，我对自己说："现在，你所能依靠的，只有你自己的名字，和你会的东西。"现在重读这一段，我懂了，它就是一个人从外在评价标准切换到自我评价标准的宣言。我的名字和我会的东西，现在仍是我仅有的依靠。只不过它们比我想象的还要更可靠。

当初我还设想过，假如接下来这半辈子我只能做一件事，我会做点什么。那时候我想的是：如果余生只能做一件事，我大概会帮助人们从结束的痛苦中走出来，完成转变，走向新的生活。这个问题首先是我的，但它同时也是很多人的。我想起了很多在转变中迷茫的来访者，生活忽然断裂成两半，他们被留在断层中，惊慌失措，无法自拔。以前，我虽然知道这种转变的痛苦，但无法感同身受。而如今，我和他们站在了一起。

现在想来，那时候我还太年轻，还不知道余生很长。余生我当然不会只做这一件事，但我始终记得它。《走出黑森林》这本书就是对当年那个梦想遥远的呼应。现在，我做到了。当年的那个我，你满意吗？

虽然那些遥远的记忆已经渐渐模糊，但我对转变的艰难仍心有余悸。每次听到学员讲他们要离开原有的工作和关系去寻找新自我，我都会心惊一下，尤其当他们说，他们走上这条路是受到我的影响时。因为知道这条路的艰难，我更会慎重。

我总是会问他们："转变真的是一条走得通的路吗？有没有别的路可走？是真的到了需要转变的时候吗？"

我也会问自己："我走过的道路能否印证普遍的规律？会不会只是我的运气不错，获得了一些重要的机会？万一我混得不好，会不会对当初的决定产生不同的看法？"

当我这么问自己的时候，答案自然浮现了出来。我心里相信，绝对不只是运气，它就是自我成长的必经之路。道路千万条，归根到底，都是同一条。只不过我们是在不同的因缘下，走上了这条路。

现在，这本书已经变成了我的故事的一部分。它会变成你的故事的一部分吗？它会怎么指引你的转变呢？

也许你要问："为什么我要去经历这些转变？为什么我要去忍受那么多的挑战、不确定和磨难？我非要去寻找新的自我吗？它的意义在哪里呢？"

前段时间我去拜访一位成功的企业家。他是一个经历过很多转变的人，既经历过少年成名、一夜暴富，也深陷过财富清零的人生低谷，晚年又重建了自己的事业，受人景仰。可是在讲起自己的一生时，他说："我赚的钱，创立的公司，其实都不算什么。我最好的作品，是我度过的时光。"

"我最好的作品，是我度过的时光"，这是经历过很多转变的人才有资格说的话。

所以，无论你正处于什么样的境遇，面临什么样的选择，已经或即将经历什么样的转变，记住，你最好的作品，也将是你度过的时光。

希望你能创造属于你的美好作品。

用你度过的时光。

图书在版编目（CIP）数据

走出黑森林：自我转变的旅程 / 陈海贤著.
北京：新星出版社，2025.3（2025.5重印）. -- ISBN 978-7-5133-5976-4

Ⅰ．B821-49

中国国家版本馆CIP数据核字第20258L0K87号

走出黑森林：自我转变的旅程

陈海贤　著

责任编辑	汪　欣			
策划编辑	战　轶　师丽媛　白丽丽		**装帧设计**	王梦慧　周　跃
营销编辑	吴　思　wusi02@luojilab.com		**版式设计**	许红叶
	王　瑶　wangyao@luojilab.com		**责任印制**	李珊珊

出 版 人	马汝军
出版发行	新星出版社
	（北京市西城区车公庄大街丙3号楼8001　100044）
网　　址	www.newstarpress.com
法律顾问	北京市岳成律师事务所
印　　刷	北京盛通印刷股份有限公司
开　　本	889mm×1194mm　1/32
印　　张	10
字　　数	200千字
版　　次	2025年3月第1版　2025年5月第4次印刷
书　　号	ISBN 978-7-5133-5976-4
定　　价	69.00元

版权专有，侵权必究；如有质量问题，请与发行公司联系。
发行公司：400-0526000　总机：010-88310888　传真：010-65270449